Dynamics of Structures
구조동역학

방 은 영

도서출판 동화기술

머리말

구조동역학은 지진학, 내진설계, 유한요소법 등 다양한 과목과 연관되어 있어서 폭넓은 주제를 다루는 것도 필요하고 또 중요하지만, 처음 구조동역학을 접하는 학생들이 가능하면 쉽게 접근할 수 있는 교재도 필요하다고 판단하여 이 책을 구성하였습니다. 즉 내진설계, 유한요소법, 지진학 등의 교재에서 별도로 다룰 수 있는 내용은 최대한 제외하고, 토목 및 건축 구조에 적용되는 기본동역학 이론을 중심으로 내용을 구성하였습니다.

구조동역학은 공학수학 및 수치해석 관련 과목에서 다루는 수학적 내용의 이해가 꼭 필요하지만, 미분방정식의 해를 구하는 과정과 같은 지극히 수학적인 내용은 우회하여, 수학에 어려움을 겪는 학생들도 최종 결과를 중심으로 구조물의 동역학적 거동을 이해할 수 있기를 기대합니다.

동역학적 기본이론을 수학적으로 전개하는 것도 중요하지만, 이론적 전개에 약한 학생들은 수록된 예제를 중심으로 구조동역학이 어떻게 실제 문제에 적용되는지에 더 중점을 두는 것도 지혜로운 접근법일 수 있습니다. 이 책의 내용은 구조동역학의 기본 주제를 이해하기 쉽게 예제 중심으로 정리한 입문 수준의 내용이므로 학부 고학년도 쉽게 접근 가능하리라 기대해 봅니다. 행여 많은 실수와 오류가 있을지 몰라 걱정이 앞서지만 구조동역학에 입문한 학생들에게 조금이나마 도움이 되었으면 하는 바람입니다.

방 은 영

목 차

제4장 일반 동적하중에 의한 단자유도계의 응답

제5장 응답 스펙트럼

제6장 다자유도계

제 1 장

구조물의 모델링

1.1 구조동역학이란

토목 건축구조물은 지반에 고정된 형태가 많으므로 많은 부분 정역학적 접근으로 구조해석 및 설계를 수행한다. 그러나 지진 및 차량하중 등에 의해 동적거동을 하게 되므로 동역학적 접근도 필요하다. 특히 지진하중과 같이 매우 간헐적으로 구조물에 영향을 미치지만 그 영향이 치명적인 경우도 있다. 설계는 구조물에 미치는 중요한 모든 하중을 고려해야 하므로, 지진하중에 대한 구조물의 응답을 정확히 해석하는 것은 현대의 토목 건축구조의 설계에 있어서 매우 중요하다. 이렇듯 동적하중에 의한 구조물의 거동을 해석하기 위해 필요한 이론과 기술적 내용을 다루는 과목을 구조동역학이라 한다.

1.2 자유물체도와 뉴턴의 법칙

(1) 자유물체도

자유물체도는 어느 '물체'나 '물체의 일부'를 그림으로 표현하고, 그 고립된 물체에 작용하는 모든 힘을 나타낸 스케치도이다. 이때 주의할 내용은 고립된 물체가 외부나 다른 물체에 가하는 힘은 표시하지 않고 반드시 외부나 다른 물체가 고립된 물체에 작용하는 힘만을 표시하여야 한다는 것이다. 작용·반작용 법칙에 의해 많은 힘들은 서로 짝을 이루어 작용력과 반작용력이 존재할 수 있다. 이때 반드시 외부에서 물체에 작용하는 힘만 나타내어야 한다.

(2) 뉴턴의 제2법칙

뉴턴의 제2법칙인 가속도의 법칙은 "물체의 가속도는 작용력에 비례하고 질량에 반비례한다"는 고전역학의 기본이 되는 법칙이다.

$$\vec{a} = \frac{\sum \vec{F}}{m}$$

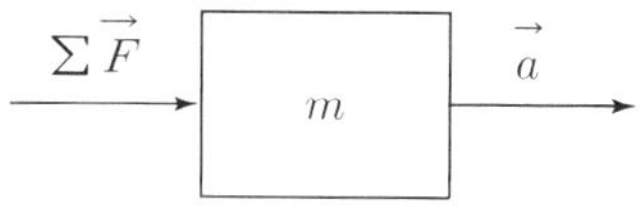

그림 1.1 가속도의 법칙

뉴턴의 제2법칙을 각 항이 '힘'의 차원이 되도록 표현하면 다음과 같다.

$$\Sigma \vec{F} = m\vec{a}$$

여기서, $\vec{a}$: 어느 물체의 질량중심에서의 가속도

2차원 평면에서 위의 벡터 식을 성분으로 표현하여 정리하면 다음과 같다.

$$\Sigma F_x = ma_x$$
$$\Sigma F_y = ma_y$$
$$\Sigma M_z = I_z\alpha$$

여기서 $\Sigma F_x = ma_x$는, 물체에 발생하는 가속도의 x성분 a_x는 알짜 힘의 x성분에 비례하며 질량에 반비례한다는 의미이다. 또한 $\Sigma M_z = I_z\alpha$는 물체의 각속도 α는 물체에 작용하는 모멘트의 합에 비례하고, 질량관성모멘트(I_z)에 반비례한다는 의미이다. 특히, 강체가 어떤 고정 축에 대하여 병진운동 없이 순수회전운동만 하는 경우에 위의 세 식은 다음과 같이 대체된다.

$$\Sigma M_o = I_o\alpha$$

여기서, I_o : 고정 축에 대한 질량관성모멘트

M_o : 고정축에 대한 힘의 모멘트

(3) 달랑베르의 원리

가속도 법칙 $\Sigma \vec{F} = m\vec{a}$에서 우변을 좌변으로 옮기면 다음과 같다.

$$\Sigma \vec{F} - m\vec{a} = 0$$

$-m\vec{a}$를 관성력이라는 가상의 힘으로 생각하면 모든 힘들의 합은 0이라는 형태가 된다. 마치 정역학에서 자유물체도의 모든 힘을 합하면 0이라는 식과 비슷한 형태가 되어 동적평형이라 칭하기도 하며, 정역학에 익숙한 사람에게는 편리한 방법이다. 이때, 관성력은 가속도의 반대방향임을 주의해야 하고, 자유물체도에서 점선 화살표로 표시하면 일반적인 힘들과 구별하기 편리하다.

가속도 법칙은 어느 물체에 작용하는 모든 힘들의 합력(알짜힘, $\Sigma \vec{F}$)에 비례하여 가속도 $\vec{a} = \dfrac{\Sigma \vec{F}}{m}$가 발생한다는 의미이다. 그러나 관성력의 개념을 도입하면, 질량 m인 물체가 알짜힘($\Sigma \vec{F}$)에 의해 가속도 $\vec{a}$로 운동하면 관성력 $-m\vec{a}$를 받는 것으로 생각할 수 있고, 이 관성력을 포함한 모든 힘들의 합력은 0이 된다는 의미이다. 이와 같이 가속도법칙에 관성력의 개념을 도입하여 정력학적 접근방법과 유사하게 만든 것이 달랑베르의 원리이다.

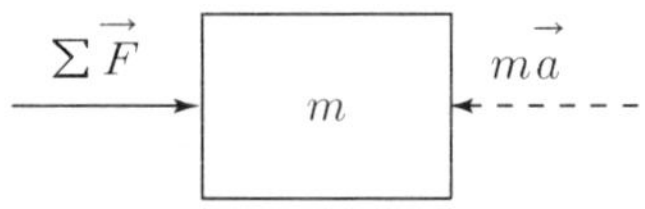

그림 1.2 달랑베르의 원리

1.3 구조물의 모형화

토목, 건축, 기계 공학의 연구 대상들인 교량, 건물, 자동차 등과 같은 구조물(시스템)의 동적거동을 '운동방정식'으로 표현할 필요가 있다. 이때 필연적으로 실제 시스템을 단순하게 이상화하면 수학적 접근이 용이해진다.

일반적인 구조물은 연속체이므로 무한대의 자유도를 갖게 된다. 그러므로 문제를 단순하게 하기 위해서는 유한한 자유도로 구조물을 이상화하여 모델링할 필요가 있다. 그 중에서 가장 간단하게 이상화 한다면 다음의 그림과 같이 1개의 질점질량, 1개의 스프링, 1개의 감쇠장치로 구성된 단자유도계가 된다. 물론 이와 같이 모든 구조물의 질량, 감쇠, 강성 특성이 분리되어 모델링할 수 있는 것은 아니지만, 이렇게 단순화하고 각 특성을 분리하여 수학적 모형으로 구성하면 각각의 특성을 파악하기 쉽고, 수학적 표현도 간단해진다.

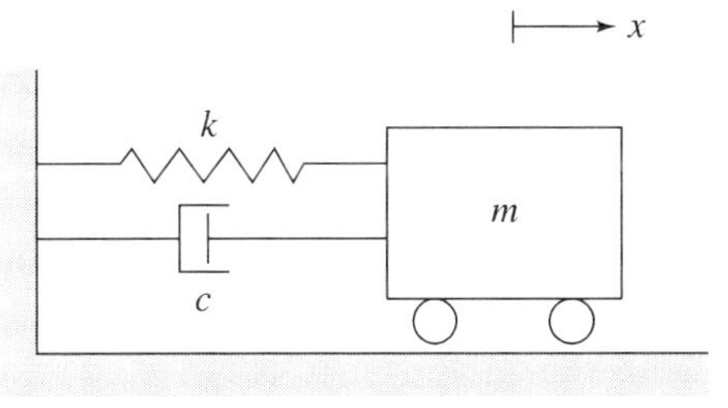

그림 1.3 질량 – 감쇠 – 스프링 단자유도계

물론 대부분의 구조물에서 질량은 구조물 체적 전체에 분포하는 형태가 되지만, 질량중심에 집중된 형태로 단순화하여 질중 질량으로 이상화할 수 있다. 스프링은 구조물의 탄성특성을 나타내는 강성도(Stiffness)를 모형화한 것이다. 마지막으로 감쇠는 구조물이 진동하는 동안 내부마찰 및 공기저항 등에 의해 발생하는 에너지 소산을 모형화한 것이다.

(1) 자유도

아래 그림과 같이 2차원에서 강체의 위치와 방향이 변했다면, 그림과 같이 3개의 변수(좌표)를 사용해 이동을 묘사할 수 있다. 구조계의 운동을 규정하는데 필요한 독립적인 좌표의 수를 자유도라 한다. 강체의 경우 2차원에서는 3자유도이며, 2개의 병진자유도와 1개의 회전자유도로 구성된다. 3차원으로 확장하면 3개 병진자유도와 3개 회전자유도가 존재하여 모두 6자유도가 된다.

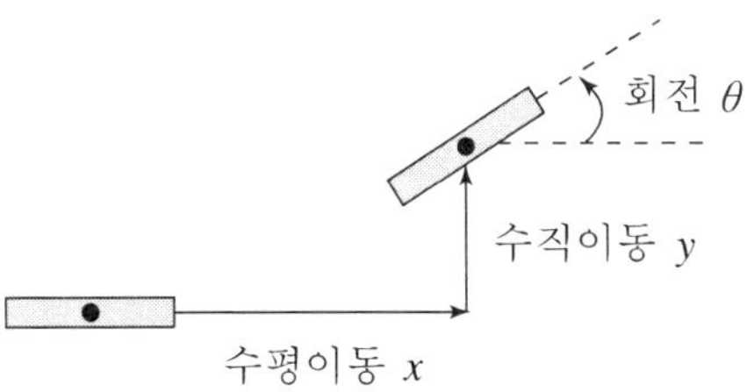

그림 1.4 2차원 강체의 자유도

(2) 강성도의 모델링

구조물의 강성도 특성은 스프링으로 모델링할 수 있으며, 구조물에 단위 변위를 일으키기 위해 필요한 외력의 크기를 나타낸다. 다음의 간단한 구조를 통하여 이해하면 쉽다. 그림과 같은 캔틸레버보의 경우, 외력 P에 의한 처짐 Δ의 관계는 $\Delta = \dfrac{PL^3}{3EI}$이므로 강성도는 $K = \dfrac{P}{\Delta} = \dfrac{3EI}{L^3}$이 된다.

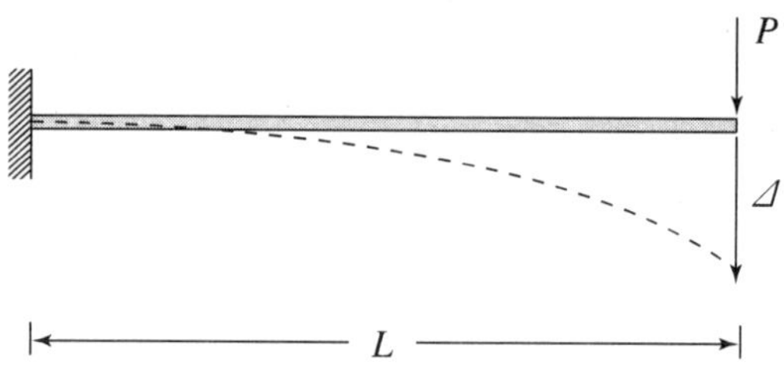

그림 1.5 캔틸레버보의 강성도

(3) 감쇠의 모델링

실제 구조물은 가진되었을 때, 일정 시간 지나면 진동이 점점 감소하여 정지하게 된다. 이러한 에너지 소산 특성을 감쇠기로 모형화한다. 감쇠의 종류는 점성감쇠, 쿨롱감쇠, 구조감쇠 등이 있다.

점성감쇠(Viscous Damping)는 외부 점성감쇠와 내부 점성감쇠로 분류되며, 외부 점성감쇠는 구조물이 진동 중에 주변 공기나 물과 접촉할 때 발생하는 감쇠이다. 공기에 의한 외부 점성감쇠는 비교적 작은 값을 갖는다. 내부 점성감쇠는 구조물을 구성하는 재료의 점성과 관련된 감쇠로서, 실제 구조물의 감쇠를 모델링하는데 가장 많이 고려되는 감쇠이다. 이 내부 점성감쇠에 의한 감쇠력은 구조물의 운동 반대방향으로 작용하고, 그 크기는 운동속도에 비례하는 것으로 간주한다. 이렇게 감쇠를 물체의 속도에 비례한 것으로 가정하면 운동방정식에서 감쇠를 질량과 스프링과 분리하여 독립적으로 모델링할 수 있다.

$$F_v = c\dot{x}(t)$$

여기서, c : 점성 감성계수

$\dot{x}(t)$: 속도

본 교재에서는 감쇠를 대부분 점성감쇠로 가정하여 수학적 모델을 구하였다. 점성 감쇠는 속도에 비례하는 성질이 있으므로 수학적으로 쉽게 수식화 된다.

쿨롱감쇠(Coulomb Damping)는 접촉면과의 마찰에 의해 발생하는 감쇠를 나타내며, 그 크기는 수직항력에 비례하는 것으로 간주한다.

$$F_c = \mu N$$

여기서, μ : 마찰계수

N : 수지항력

구조이력감쇠(Hysteresis Damping)는 구조물이 비탄성 영역에서 일어나는 에너지의 소산을 나타낸다.

(4) 질량의 모델링

물체의 질량중심에 집중된 집중질량으로 질량을 모델링하면 수학적으로 간단하지만 실제의 구조물에서 질량은 구조물 전체에 분포하므로 분포질량으로 가정하면 더 정확한 가정이 된다. 제8장에서 보와 트러스의 분포질량을 취급한다.

1.4 단자유도계의 모형화

그림 1.3과 같이 자유도가 1인 구조계를 단자유도계라 하며 다음과 같이 집중질량, 스프링, 감쇠기를 사용하여 모델링할 수 있다.

단자유도계에 대한 자유물체도는 다음과 같이 그려진다. 변위 $x(t)$를 양의 방향으로 발생시키면 그림과 같은 힘들이 작용한다.

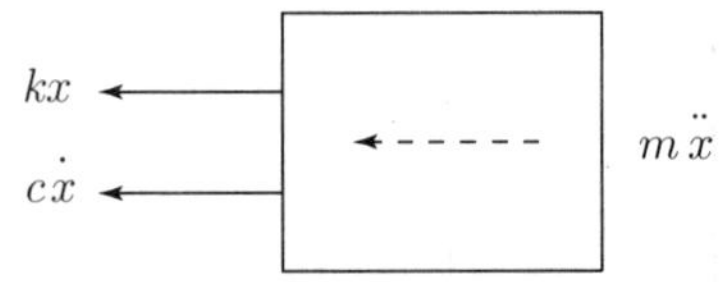

그림 1.6 단자유도계의 자유물체도

단자유도계의 자유물체도에 평형방정식을 적용하면 다음과 같은 운동방정식을 구할 수 있다.

$$m\ddot{x}(t) + c\dot{x}(t) + kx(t) = 0$$

여기서, m : 질량

k : 스프링 상수

c : 점성감쇠 계수

$x(t)$: 변위

$\dot{x}(t)$: 속도

$\ddot{x}(t)$: 가속도

위와 같이 가속도법칙을 사용하면 운동방정식을 구할 수 있지만, 가상일의 방법 및 라그랑주 방정식을 사용하여 운동방정식을 유도할 수도 있다.

1.5 스프링의 연결

스프링을 여러 개 연결할 경우, 연결 형태에 따라 등가의 합성 스프링 상수를 계산할 수 있다.

(1) 직렬연결

서로 다른 2개의 스프링이 그림 1.7과 같은 거동을 한다면 'Hook의 법칙'에 따라 다음의 식으로 표현 가능하다.

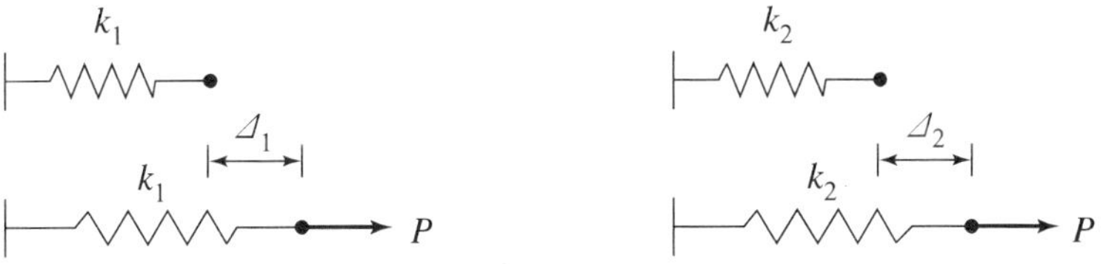

그림 1.7 개별 스프링

$$P = k_1 \Delta_1$$

$$P = k_2 \Delta_2$$

위의 두 스프링을 직렬 연결하였을 때의 합성변위를 Δ_e, 등가합성 스프링 상수를 k_e라 하면 훅의 법칙에 의해 $P = k_e \Delta_e$의 관계식이 성립한다. 이때 스프링을 직렬연결하면 그림 1.8과 같이 합성변위가 $\Delta_e = \Delta_1 + \Delta_2$이 되고, 위의 식에서 $\Delta_1 = \dfrac{P}{k_1}$, $\Delta_2 = \dfrac{P}{k_2}$의 관계가 있으므로 다음과 같은 관계식이 성립되다.

$$P = k_e\, \Delta_e = k_e (\Delta_1 + \Delta_2)$$
$$= k_e \left(\frac{P}{k_1} + \frac{P}{k_2} \right)$$

위의 식을 정리하면 다음과 같은 등가의 합성 스프링 상수를 구할 수 있다.

$$\frac{1}{k_e} = \frac{1}{k_1} + \frac{1}{k_2} \quad \text{또는} \quad k_e = \frac{k_1 k_2}{k_1 + k_2}$$

즉, 스프링을 직렬연결하면 합성스프링의 강성도(k_e)는 k_1과 k_2보다 작아지는 결과를 초래하여 등가합성 스프링 상수는 $\dfrac{1}{k_e} = \dfrac{1}{k_1} + \dfrac{1}{k_2}$과 같이 된다.

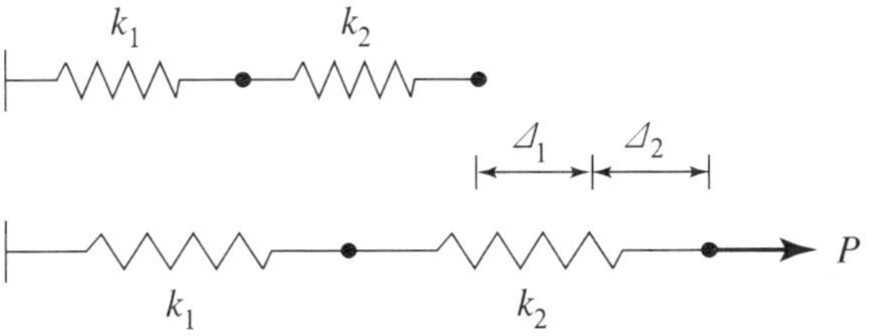

그림 1.8 스프링의 직렬연결

스프링의 수가 3개 이상이면 다음과 같이 위의 식을 확장할 수 있다.

$$\frac{1}{k_e} = \frac{1}{k_1} + \frac{1}{k_2} + \frac{1}{k_3} + \cdots$$

(2) 병렬연결

다음 그림과 같이 병렬연결된 두 스프링의 늘어난 길이($\Delta_1 = \Delta_2 = \Delta_e$)가 같아지도록 l_1과 l_2를 $l_1 : l_2 = k_2 : k_1$과 같이 적절히 조절하여 하중 P를 재하하면

$$P = k_e \Delta_e$$

의 관계식이 성립된다.

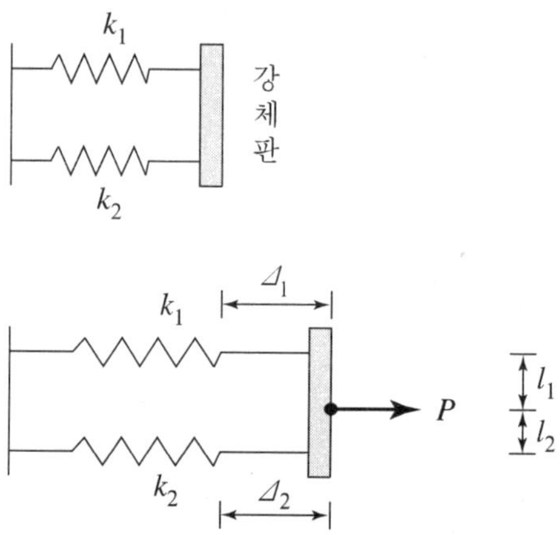

그림 1.9 스프링의 병렬연결

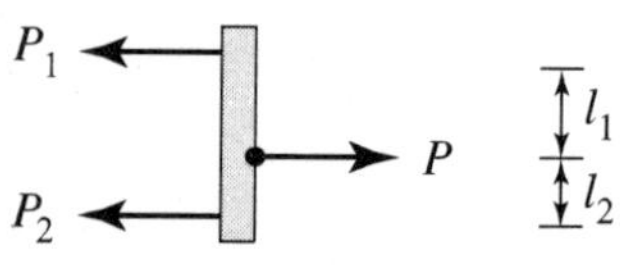

그림 1.10 연결 강체판의 자유물체도

그림 1.10의 자유물체도에서와 같이 $P = k_e \Delta_e = P_1 + P_2$의 관계식이 성립되므로 위의 관계식에 개별 스프링 관계식 $P_1 = k_1 \Delta_1$과 $P_2 = k_2 \Delta_2$를 대입하면 다음과 같다.

$$
\begin{aligned}
P &= k_e \Delta_e \\
&= P_1 + P_2 \\
&= k_1 \Delta_1 + k_2 \Delta_2 \\
&= k_1 \Delta_e + k_2 \Delta_e
\end{aligned}
$$

이 식을 정리하면 $k_e = k_1 + k_2$의 관계식을 구할 수 있다.

이를 3개 이상의 스프링을 병렬한 관계식으로 확장하면 다음과 같다.

$$k_e = k_1 + k_2 + k_3 + \cdots$$

1.6 간단한 구조의 모형화

기초적인 구조역학의 수준에서 간단한 몇몇 구조의 수학적 모델링을 수행하는 과정을 소개한다.

(1) 단층 전단건물의 모형화

전단건물모형(Shear Building Model)은 다음의 그림과 같이 보의 변형은 무시하고 기둥의 변형에 의해 건물이 거동한다고 가정한 건물이다. 즉, 보의 휨강성이 무한한 것으로 가정하여 보가 변형되지 않는 것으로 가정하여, 자유도를 최대한 축소하여 해석이 용이하게 한 특별한 건물모형이다. 실제의 건물은 보와 기둥이 모두 적절한 휨강성을 가지고 있어서, 골조(Frame) 형태의 거동을 하므로 전단건물모형을 사용한 해석치는 실제건물의 거동과는 많은 오차가 있다. 그러나 구조동역학의 여러 개념을 이해하기 위한 좋은 기본 구조이므로 많은 예제에 사용된다.

예제 1 다음 그림에 있는 전단빌딩의 운동방정식을 구하시오. 단, 각 기둥의 $I = 4 \times 10^{-4}$ m^4, $E = 210$ GPa이다.

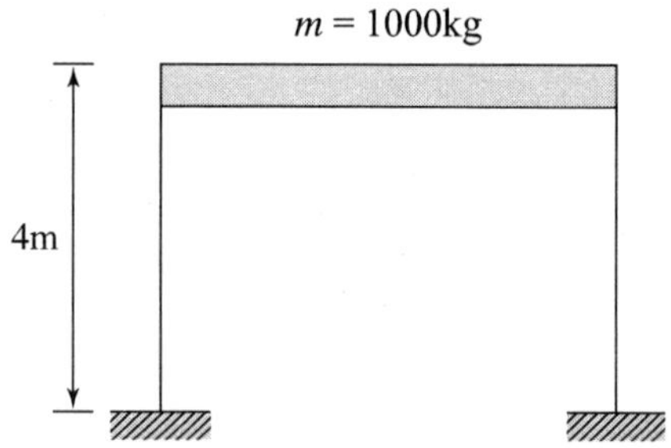

해설

- 자유도 : 다음 그림처럼 1개의 수평변위(Δ)를 자유도로 고려하면 운동을 묘사할 수 있는 구조이므로 단자유도계로 모형화 할 수 있다.

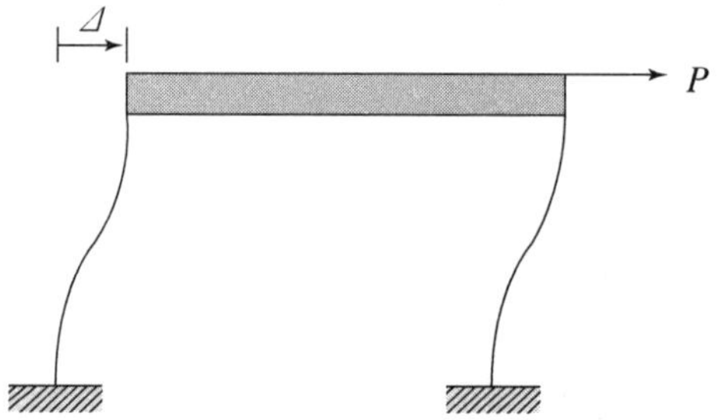

- 강성도계수 = 스프링 상수

  부록 A의 (2)에 정리된 구조가 병렬로 연결된 경우이므로 스프링 상수는 다음과 같이 계산된다.

$$k = \frac{12\text{EI}}{L^3} + \frac{12\text{EI}}{L^3} = \frac{24\text{EI}}{L^3} = \frac{24 \times 210 \times 10^9 \times 4 \times 10^{-4}}{4^3}$$

$$= 3.15 \times 10^7 \text{N/m}$$

- 질중질량 : 그림에 주어진 $m = 1000$kg을 사용
- 감쇠계수 : 무시한다면 $c = 0$

  자유물체도를 그리면 다음과 같다.

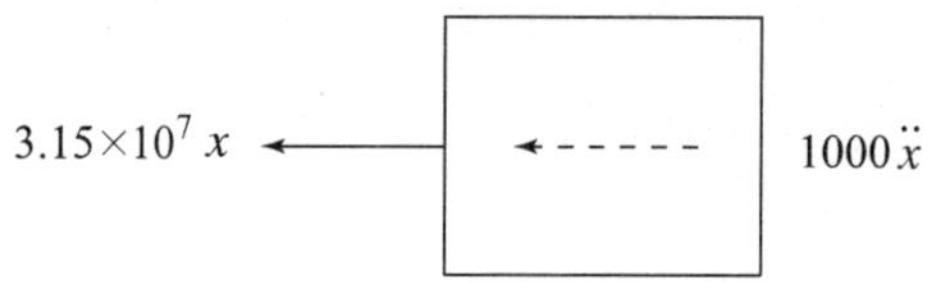

따라서 운동방정식은 다음과 같다.

$1000\ddot{x}(t) + 3.15 \times 10^7 x(t) = 0$

예제 2 다음 그림에 있는 1층 건물의 운동방정식을 구하시오. 단, 각 기둥의 $I = 4 \times 10^{-4}\,\text{m}^4$, $E = 210$ GPa이다.

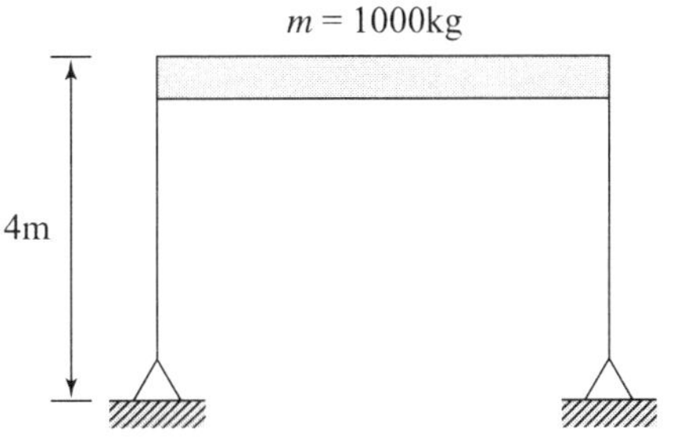

해설

- 자유도 : 앞 예제와 유사하게 1개의 수평변위(Δ)를 갖는 단자유도계

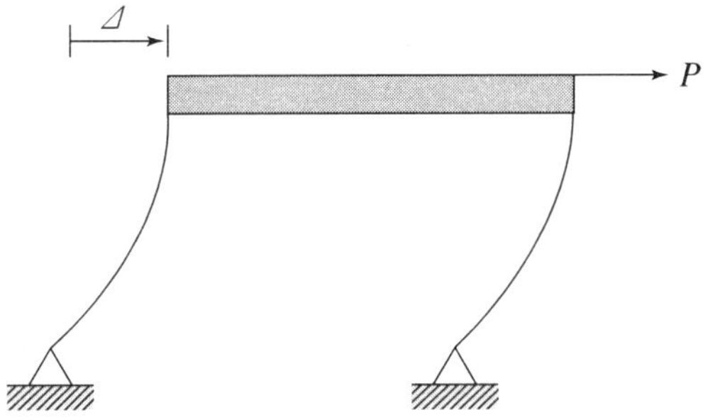

- 강성도계수

  부록 A에 정리된 일단 고정 타단 자유단 구조가 병렬로 연결된 경우이므로 스프링 상수는 다음과 같이 계산된다.

$$k = \frac{3\,\text{EI}}{L^3} + \frac{3\,\text{EI}}{L^3} = \frac{6\,\text{EI}}{L^3} = \frac{6 \times 210 \times 10^9 \times 4 \times 10^{-4}}{4^3}$$

$$= 7.875 \times 10^6\,\text{N/m}$$

- 질점질량은 그림에 주어진 m =1000kg을 사용하며, 감쇠계수를 무시한다면 c=0이다.
- 운동방정식

  $1000\ddot{x}(t) + 7.875 \times 10^6 x(t) = 0$

(2) 2층 전단건물의 모형화

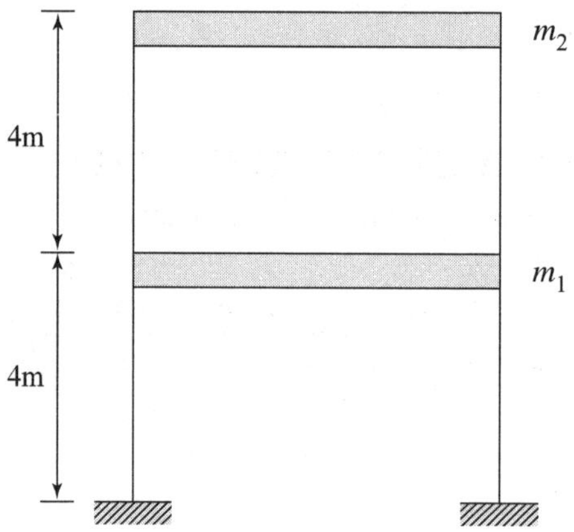

그림 1.11 2층 전단건물

그림과 같은 2층 전단건물은 다음과 같이 1층, 2층의 수평변위 x_1와 x_2를 자유도로 하는 2자유도계로 가정할 수 있다.

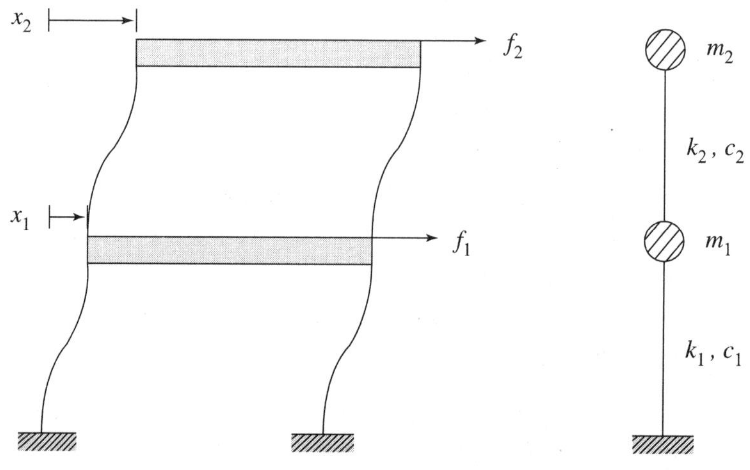

그림 1.12 2층 전단건물의 변형

각 층의 점성감쇠계수를 c_1과 c_2로 가정하여 자유물체도를 그리면 다음과 같다.

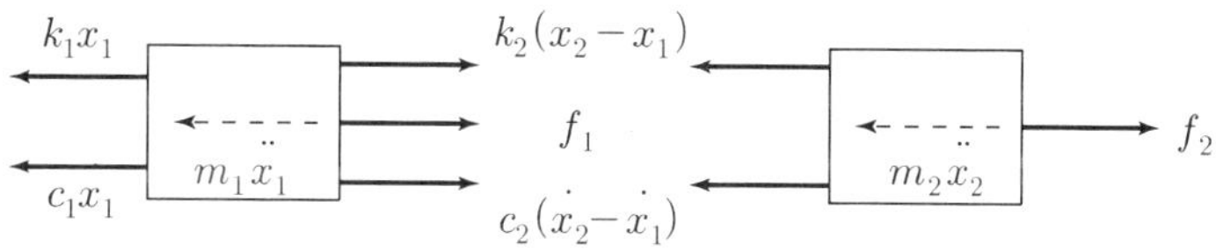

그림 1.13 2층 전단건물의 자유물체도

자유물체도로부터 운동방정식을 유도하면 다음과 같다.

$$m_1\ddot{x}_1 + c_1\dot{x}_1 - c_2(\dot{x}_2 - \dot{x}_1) + k_1x_1 - k_2(x_2 - x_1) = f_1$$

$$m_2\ddot{x}_2 + c_2(\dot{x}_2 - \dot{x}_1) + k_2(x_2 - x_1) = f_2$$

행렬을 사용하여 정리해 보자.

$$[M]\{\ddot{x}(t)\} + [C]\{\dot{x}(t)\} + [K]\{x(t)\} = \{f(t)\}$$

여기서, 각 행렬은 다음과 같다.

질량행렬 $[M] = \begin{bmatrix} m_1 & 0 \\ 0 & m_2 \end{bmatrix}$

감쇠행렬 $[C] = \begin{bmatrix} c_1 + c_2 & -c_2 \\ -c_2 & c_2 \end{bmatrix}$

강성도행렬 $[C] = \begin{bmatrix} k_1 + k_2 & -k_2 \\ -k_2 & k_2 \end{bmatrix}$

변위벡터 $\{x(t)\} = \begin{Bmatrix} x_1(t) \\ x_2(t) \end{Bmatrix}$

외력벡터 $\{f(t)\} = \begin{Bmatrix} f_1(t) \\ f_2(t) \end{Bmatrix}$

(3) 3층 전단건물의 모형화

2층 전단건물과 유사하게, 3층의 전단건물에 대한 운동방정식은 다음과 같이 정리된다.

$$[M]\{\ddot{x}(t)\} + [C]\{\dot{x}(t)\} + [K]\{x(t)\} = \{f(t)\}$$

여기서,

질량행렬 $[M] = \begin{bmatrix} m_1 & 0 & 0 \\ 0 & m_1 & 0 \\ 0 & 0 & m_1 \end{bmatrix}$

감쇠행렬 $[C] = \begin{bmatrix} c_1 + c_2 & -c_2 & 0 \\ -c_2 & c_2 + c_3 & -c_3 \\ 0 & -c_3 & c_3 \end{bmatrix}$

강성도행렬 $[K] = \begin{bmatrix} k_1 + k_2 & -k_2 & 0 \\ -k_2 & k_2 + k_3 & -k_3 \\ 0 & -k_3 & k_3 \end{bmatrix}$

변위벡터 $\{x(t)\} = \begin{Bmatrix} x_1(t) \\ x_2(t) \\ x_3(t) \end{Bmatrix}$

외력벡터 $\{f(t)\} = \begin{Bmatrix} f_1(t) \\ f_2(t) \\ f_3(t) \end{Bmatrix}$

(4) 스프링이 연결된 구조

질량은 한 점에 질점형태로 집중되어 있고 스프링이 각 질량에 복잡하게 연결된 구조의 운동방정식은, 자유물체도를 그리고 평형방정식을 적용하면 된다.

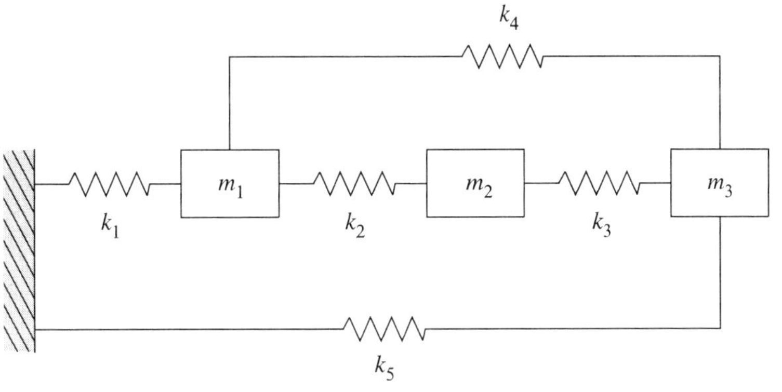

그림 1.14 스프링이 여러 개 연결된 구조

3자유도 = 각 질량의 수평 변위 x_1, x_2, x_3

자유물체도 :

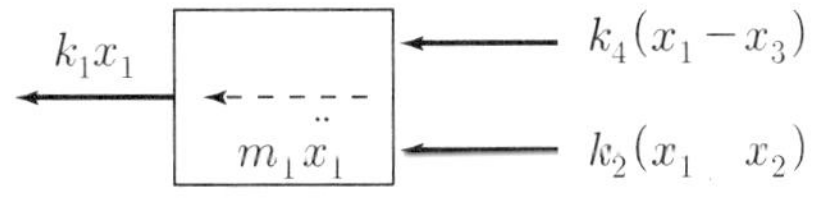

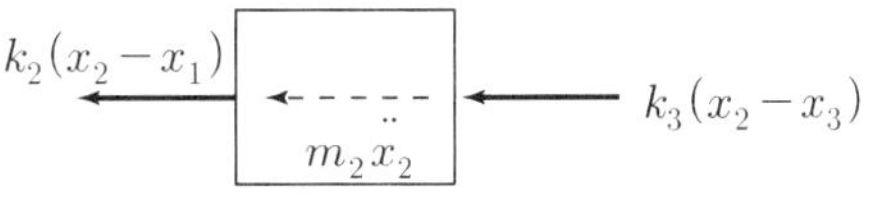

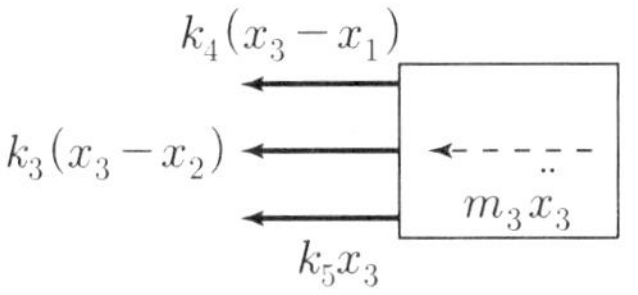

운동방정식 :

$$m_1\ddot{x}_1+(k_1+k_2+k_4)x_1-k_2x_2-k_4x_3=0$$

$$m_2\ddot{x}_2-k_2x_1+(k_2+k_3)x_2-k_3x_3=0$$

$$m_3\ddot{x}_3-k_4x_1-k_3x_2+(k_3+k_4+k_5)x_3=0$$

행렬로 정리하면

$$[M]\{\ddot{x}(t)\}+[K]\{x(t)\}=\{0\}$$

여기서,

$$\text{질량행렬 } [M] = \begin{bmatrix} m_1 & 0 & 0 \\ 0 & m_2 & 0 \\ 0 & 0 & m_3 \end{bmatrix}$$

$$\text{강성행렬 } [K] = \begin{bmatrix} k_1+k_2+k_4 & -k_2 & -k_4 \\ -k_2 & k_2+k_3 & -k_3 \\ -k_4 & -k_3 & k_3+k_4+k_5 \end{bmatrix}$$

(5) 외팔보 형태의 구조

자유단에 질량이 집중된 외팔보(캔틸레버) 형태의 구조는 미소 진동이라는 가정 하에 수직 변위만을 자유도로 고려한다면 단자유도계로 모형화 할 수 있다.

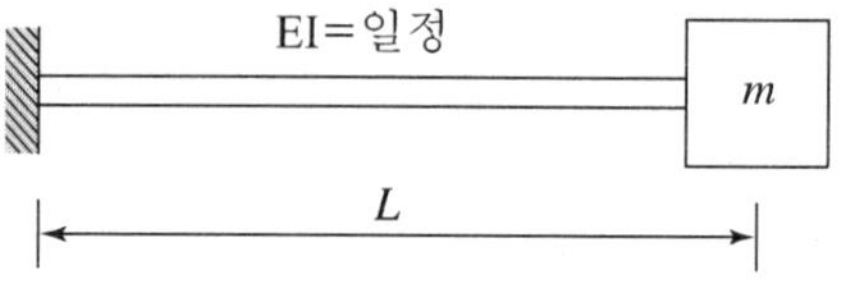

그림 1.15 외팔보 구조의 모형화

스프링 상수는 부록 A에서 볼 수 있듯이 $k = \dfrac{3EI}{L^3}$이 된다. 보의 질량은 없다고 가정할 수 있다면 질량은 자유단에 집중된 질점 질량으로 가정할 수 있다. 감쇠계수를 c라고 가정하면 단자유도계로 모형화 할 수 있다.

예제 3 다음 그림의 구조계에 대한 운동방정식을 구하시오. 보와 스프링은 질량이 없는 것으로 가정하시오. 보의 점성감쇠를 c, 외력은 $f(t)$라고 가정하시오.

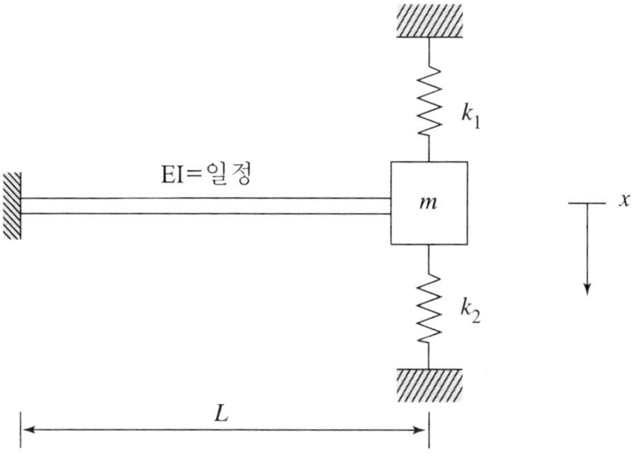

해설 보와 2개의 스프링이 병렬형태로 구성되어 있으므로 등가 스프링 상수는 다음과 같다.

$$k_e = \frac{3EI}{L^3} + k_1 + k_2$$

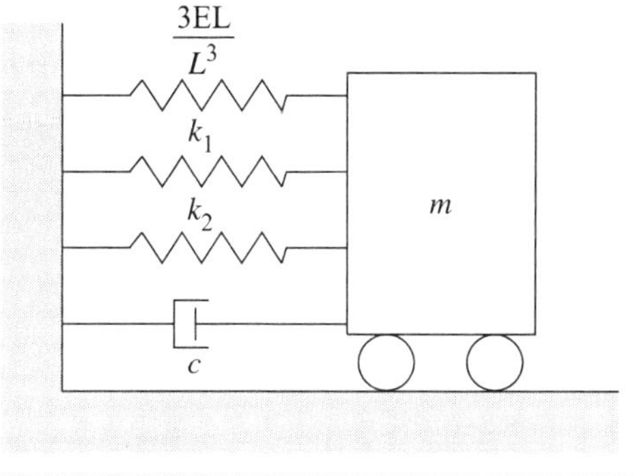

따라서 운동방정식은 다음과 같다.

$$m\ddot{x}(t) + c\dot{x}(t) + \left(\frac{3EI}{L^3} + k_1 + k_2\right)x(t) = f(t)$$

여기서, $f(t)$는 외력이다.

(6) 회전자유도가 있는 구조

회전자유도가 있는 구조는 회전자유도와 관련 있는 모멘트 평형방정식 $\sum M = I\ddot{\theta}$를 이용하여 구하면 된다.

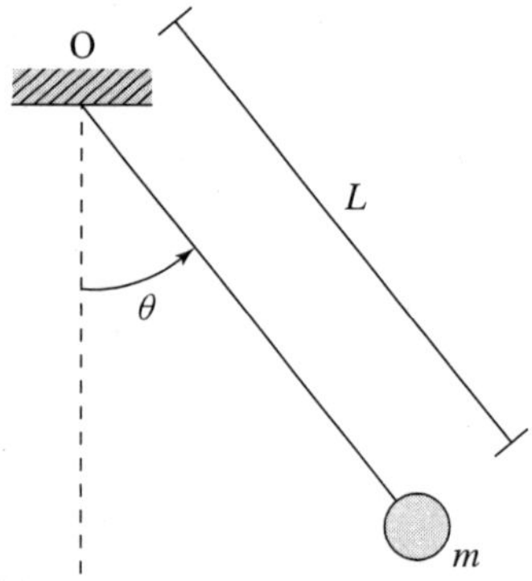

그림 1.16 진자

진자를 구성하는 줄의 질량은 무시할 수 있고, 줄의 길이는 L이다.

자유물체도를 그리면 질량에 작용하는 '중력'과 '관성우력(M_I)'이 나타난다.

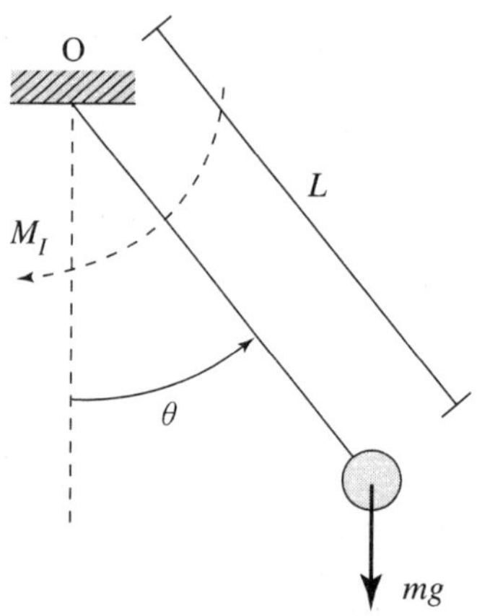

그림 1.17 진자의 자유물체도

회전각 θ와 관련된 관성우력은 $M_I = I\ddot{\theta}$이다. 이때, 회전축 O에서 거리 L에 있는 질량 m의 관성모멘트는 $I = mL^2$이므로 관성우력은 $M_I = mL^2\ddot{\theta}$가 된다. 이제 모멘트 평형식 $\sum M_{at\ O} = I\ddot{\theta}$를 적용하면 다음과 같은 운동방정식이 유도된다.

$$mL^2\ddot{\theta} + mgL\sin\theta = 0$$

여기서, 회전각 θ이 미소하다고 가정할 수 있다면 $\sin\theta \cong \theta$이므로 운동방정식은 선형화

된다.

$$mL^2\ddot{\theta} + mgL\theta = 0 \quad \Rightarrow \quad \ddot{\theta} + \frac{g}{L}\theta = 0$$

예제 4 다음 그림의 역진자에 대한 운동방정식을 구하시오. 막대와 스프링의 질량은 무시하고, 감쇠도 무시하시오. 또한 미소 각회전으로 가정하시오.

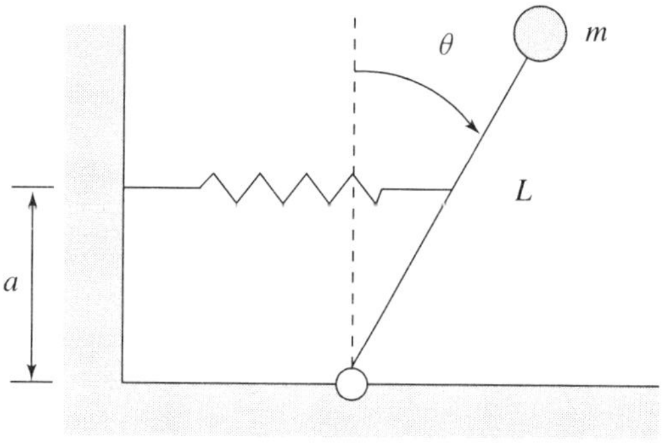

해설 자유물체도

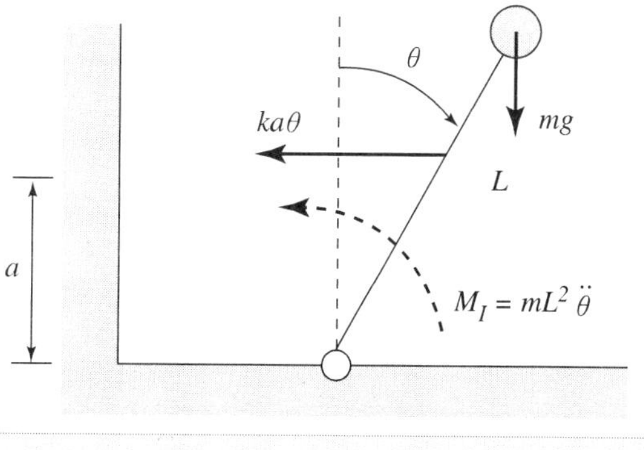

모멘트 평형방정식 적용

$$\sum M_{at\,O} - I\ddot{\theta} = 0$$

$$\Rightarrow -ka\theta \cdot a + mg \cdot L\sin\theta - mL^2\ddot{\theta} = 0$$

$$\Rightarrow mL^2\ddot{\theta} + ka^2\theta - mgL\sin\theta = 0$$

여기서, 미소회전을 가정하면 $\sin\theta \cong \theta$이므로

$$\Rightarrow mL^2\ddot{\theta} + (ka^2 - mgL)\theta = 0$$

▌ 연습문제 ▌

1.1 다음 그림에 있는 비감쇠 2층 건물의 운동방정식을 구하시오. 단, 각 기둥의 휨강성은 EI이다.

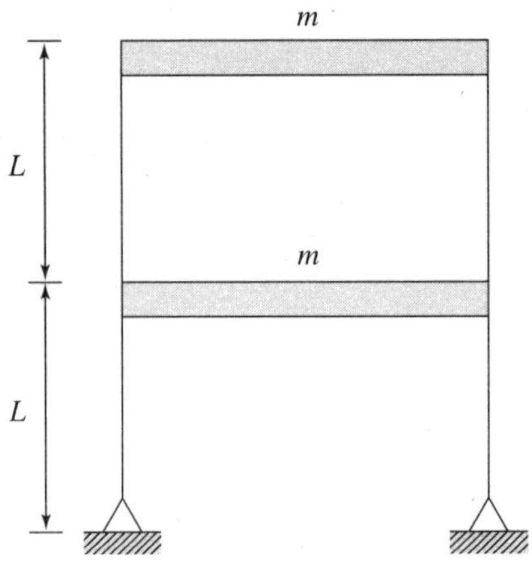

1.2 비감쇠 3층 전단건물의 운동방정식을 구하시오. 각 층의 강성도 $k_1 = k_2 = k_3 = 10$ N/m, 각 층의 질량 $m = 1$ kg이다. 단, 최상층의 변위부터 1번 자유도 $x_1(t)$로 변수명을 정하고 아래층으로 내려오며, $x_2(t)$, $x_3(t)$와 같이 변수명을 정하면 1층부터 변수명을 정한 경우와 어떻게 운동방정식이 다른지 비교하시오.

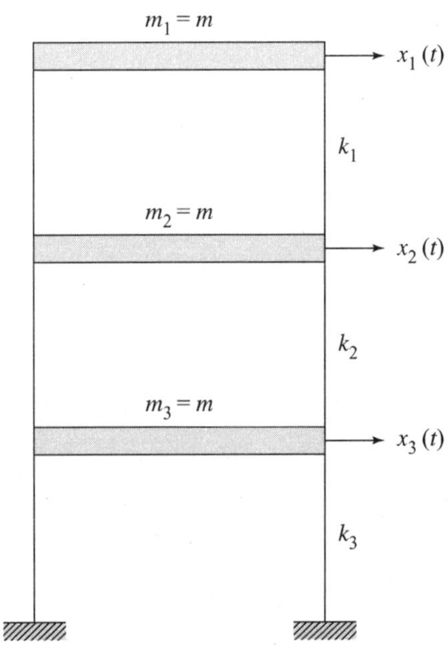

1.3 다음 그림의 구조계에 대한 운동방정식을 구하시오. 보와 스프링은 질량이 없는 것으로 가정하시오. 보의 점성감쇠를 c, 외력은 $f(t)$라고 가정하시오.

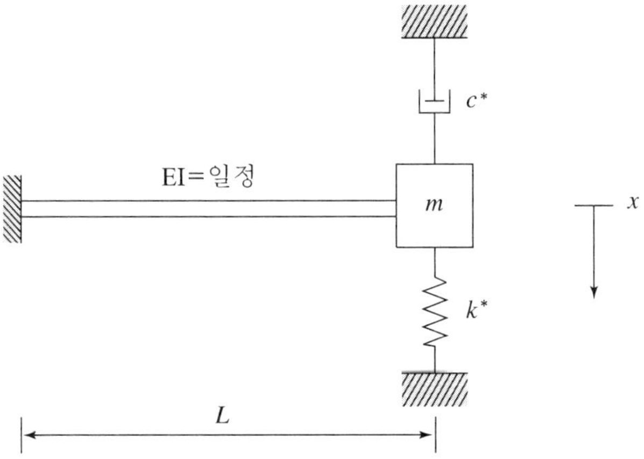

제 2 장

단자유도계의 자유진동

구조물의 진동은 외력의 유무에 따라 자유진동과 강제진동으로 구분할 수 있다. 외력 없이 초기조건에 의해 진동하는 경우를 자유진동이라 하고 풍하중, 지진하중 등의 외력에 의해 발생하는 진동을 강제진동이라 한다. 자유진동은 구조물의 재료적, 기하학적 특성에 의해 결정된다. 감쇠의 존재 여부에 따라 비감쇠 구조물과 감쇠 구조물로 구분할 수 있다.

2.1 비감쇠 단자유도계

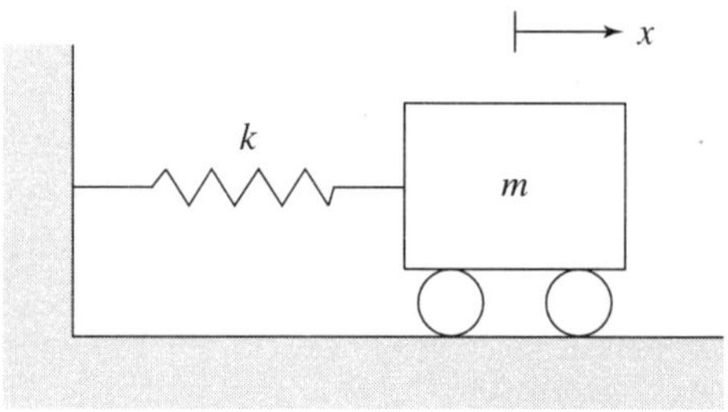

그림 2.1 비감쇠 단자유도계

그림 2.1과 같이 외력이 없는 비감쇠 단자유도계의 운동방정식은 앞 장에서 유도한 식에서 감쇠계수에 $c=0$을 대입하여 정리한다.

$$m\ddot{x}+kx=0$$

자유진동은 외력없이 초기조건에 의해 발생하는 진동이므로 다음과 같은 초기조건을 도입한다.

$x(0)=x_o$: 초기변위

$\dot{x}(0)=v_o$: 초기속도

이 미분방정식의 해는 다음과 같다(자세한 풀이과정은 공학수학 교재 등을 참고).

$$x(t)=x_o\cos\omega t+\frac{v_o}{\omega}\sin\omega t$$

또는

$$x(t) = A\cos(\omega t - \phi)$$

여기서, $A = \sqrt{x_o^2 + \left(\frac{v_0}{\omega}\right)^2}$

$$\phi = \tan^{-1}\left(\frac{v_0/\omega}{x_o}\right)$$

위의 식에서 $w = \sqrt{\frac{k}{m}}$ 은 각고유진동수이고, A는 진폭, ϕ는 위상각이다. 위상각은 아래 그림 2.2에 표시되어 있다. Cosine 함수의 주기(T)는 2π이므로 $T = \frac{2\pi}{\omega}$이다.

아래 그림은 자유진동 응답 곡선을 그림으로 표현한 것이다.

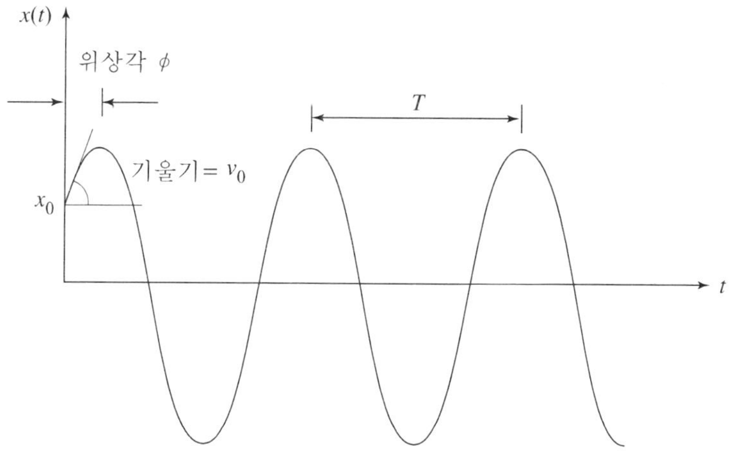

그림 2.2 비감쇠 단자유도계의 진동

주기의 역수를 진동수(f)라 하며 다음 식으로 정리된다.

$$f = \frac{1}{T} = \frac{w}{2\pi}$$

고유진동수 f의 단위 Hz는 매초당 회전수(사이클 수)이며, cps라고 쓰기도 한다. 고유진동수(w)는 각 진동수이며 단위는 rad/s이다. 일반적으로 f를 고유진동수, w를 '각고유진동수'라 구분하기도 하고, 모두 고유진동수라고 하기도 한다.

예제 1 다음 그림의 고유진동수와 주기를 구하시오. 감쇠는 무시하시오. 단, $E=210$ GPa, $I=1.5\times10^{-4}\,\text{m}^4$, $k_s=4$ kN/m, $m=200$ kg, $L=20$ m, 보의 질량은 무시한다.

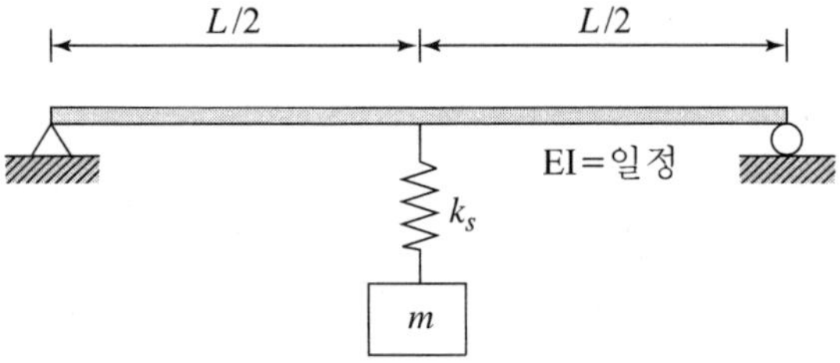

해설 보의 강성도 : 부록 A에서 보의 중앙 변위에 대한 강성도를 참조하면

$$k_{beam}=\frac{48\text{EI}}{L^3}=\frac{48\times210\times10^9\times1.5\times10^{-4}}{20^3}=189000\,\text{N/m}=189\,\text{kN/m}$$

보와 스프링은 직렬연결된 것이므로 등가 스프링 상수는

$$k_e=\frac{k_{beam}\,k_s}{k_{beam}+k_s}=\frac{189\cdot4}{189+4}=3.917\,\text{kN/m}$$

각고유진동수

$$w=\sqrt{\frac{k}{m}}=\sqrt{\frac{3917}{200}}=4.425\,\text{rad/sec}$$

고유진동수

$$f=\frac{w}{2\pi}=\frac{4.425}{2\pi}=0.7043\,\text{Hz}$$

주기

$$T=\frac{1}{f}=\frac{1}{0.7043}=1.420\,\text{sec}$$

예제 2 다음 프레임 구조의 고유진동수와 주기를 구하시오. 감쇠는 무시하시오. 단, 보는 강체이며, 기둥의 $E=210$ GPa, $I=1.5\times10^{-4}\,\text{m}^4$이고 기둥의 질량은 무시한다.

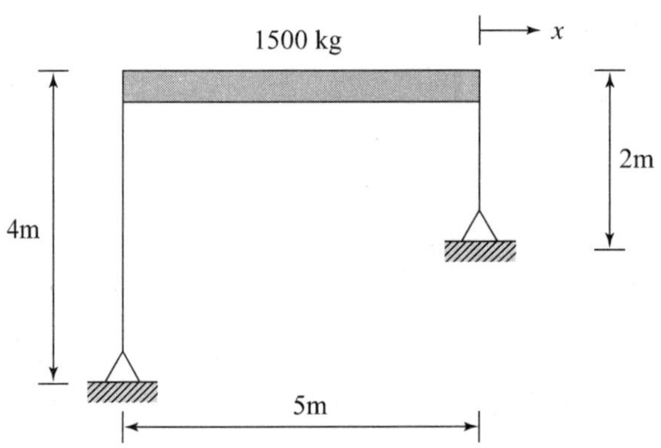

해설 등가 스프링 상수 : 두 기둥을 병렬연결로 간주할 수 있으므로

$$k_e = \frac{3EI}{4^3} + \frac{3EI}{2^3} = \frac{27EI}{64} = 1.329 \times 10^7 \, N/m$$

각고유진동수

$$w = \sqrt{\frac{k}{m}} = \sqrt{\frac{1.329 \times 10^7}{1500}} = 94.12 \, rad/sec$$

고유진동수

$$f = \frac{w}{2\pi} = \frac{94.12}{2\pi} = 14.98 \, Hz$$

주기

$$T = \frac{1}{f} = \frac{1}{14.98} = 0.06676 \, sec$$

2.2 감쇠 단자유도계

수학적 모델링이 비교적 간단하기 때문에 많은 경우 감쇠를 점성감쇠로 간주한다. 감쇠를 점성감쇠로 가정한 1자유도계의 자유진동에 대한 운동방정식은 1장에서와 동일하게 다음과 같다.

$$m\ddot{x} + c\dot{x} + kx = 0$$

이 미분방정식의 해는 감쇠값(c)에 따라 다음과 같이 세 가지 경우로 나누어 구할 수 있다.

(1) 임계감쇠계($c = c_{cr}$)

감쇠값이 임계감쇠값($c_{cr} = 2\sqrt{km}$)과 같은 경우를 임계감쇠계라 한다. 이런 경우의 해는 다음과 같다.

$$x(t) = (C_1 + C_2 t)e^{-(c_{cr}/2m)t}$$

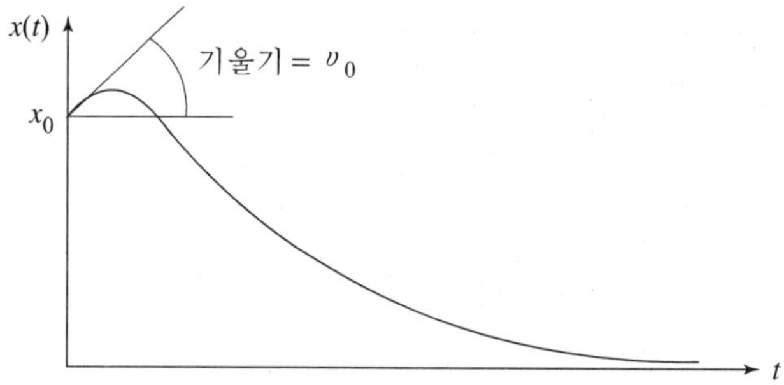

그림 2.3 임계감쇠계의 자유진동 응답

임계감쇠의 응답은 일차함수와 지수함수의 곱으로 표현된다. 즉, 일차함수는 Cosine 함수 등과 같이 주기적 진동특성을 포함하지 않으므로 그림 2.3에서도 주기특성은 볼 수 없다. 단지 지수함수 형태로 진폭이 서서히 감소한다.

(2) 과감쇠계($c > c_{cr}$)

과감쇠계는 감쇠값이 임계감쇠값($c_{cr} = 2\sqrt{km}$)보다 큰 경우의 구조물을 의미한다. 이를 과대감쇠계라고 하기도 한다. 과감쇠계의 해는 다음과 같다.

$$x(t) = C_1 e^{(-\xi\omega + \omega\sqrt{\xi^2 - 1})t} + C_2 e^{(-\xi\omega - \omega\sqrt{\xi^2 - 1})t}$$

여기서, $\zeta = \dfrac{c}{c_{cr}}$: 감쇠비 또는 감쇠율(Damping Ratio)

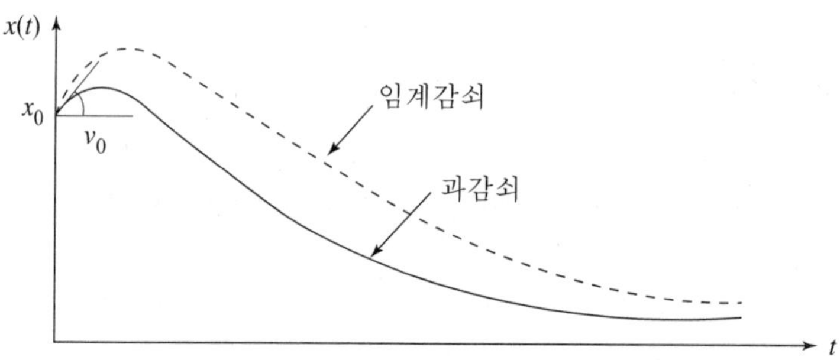

그림 2.4 과감쇠계의 자유진동 응답

그림 2.4는 과감쇠계 단순진동자의 응답을 도식적으로 나타낸 그림이다. 과감쇠계는 임계감쇠계의 운동과 유사하게, 진동하지 않고 시간이 지남에 따라 0의 값으로 지수적으로 감소한다. 과감쇠계의 진폭이 지수적으로 감소하는 비율이 임계감쇠보다 크다.

(3) 저감쇠계($c < c_{cr}$)

저감쇠계는 감쇠값이 임계감쇠값보다 작은 경우로서 일반적으로 토목 건축구조물은 이 범주에 속한다. 저감쇠계를 과소감쇠계라 하기도 한다. 저감쇠계의 자유진동 해는 다음과 같다.

$$x(t) = Ce^{-\xi \omega t} \cos(w_d t - \alpha)$$

여기서, 진폭 $C = \sqrt{x_0^2 + \left(\dfrac{v_0 + \xi \omega x_0}{\omega_d}\right)^2}$

위상각 $\alpha = \tan^{-1} \dfrac{(v_0 + \xi \omega x_0)}{x_0 \omega_d}$

감쇠 각고유진동수 $\omega_d = \omega\sqrt{1-\xi^2}$

위의 식을 다르게 표현해보면 다음과 같다.

$$x(t) = e^{-\xi \omega t}\left[x_0 \cos w_d t + \frac{v_0 + x_0 \xi \omega}{\omega_d} \sin w_d t\right]$$

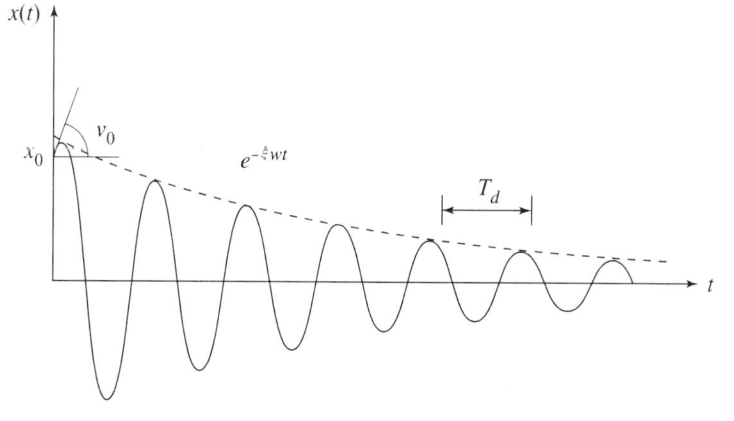

그림 2.5 저감쇠계의 자유진동 응답

저감쇠계의 응답은 그림 2.5와 같이 진폭은 지수함수 형태로 감소하고, 진동부분은 Cosine 함수 형태의 주기특성이 나타나는 곡선이 된다. 일반적으로 실제구조물의 감쇠값은 저감쇠값이며 약 2~10% 범위에 있다. 예를 들어, 10% 감쇠인 경우에는 $\xi = 0.1$이 되어 감쇠계의 고유진동수는

$$\omega_d = \omega\sqrt{1-\xi^2} = 0.995\,\omega$$

이 된다. 즉, 10% 감쇠비를 갖는 구조물의 진동수(ω_d)는 비감쇠 고유진동수(ω)와 큰 차이 없이 약간 작은 값을 나타내는 것을 알 수 있다. 감쇠비가 작은 경우에는 감쇠계의 고유진동수를 비감쇠 고유진동수로 대체할 수 있다.

감쇠 진동주기는 다음과 같이 계산된다.

$$T_d = \frac{2\pi}{\omega_d} = \frac{2\pi}{\omega\sqrt{1-\xi^2}}$$

임계감쇠, 과감쇠, 저감쇠를 비교하기 위해 한 그림에 모두 표시하면 그림 2.6과 같다. 임계감쇠와 과감쇠는 주기적 진동이 없이 지수함수 형태로 진폭이 감소하는 형태이며, 단지 과감쇠의 감소율이 임계감쇠보다 크다. 저감쇠는 감쇠값이 작을수록 진폭 감소가 적어 오래도록 진동하게 된다.

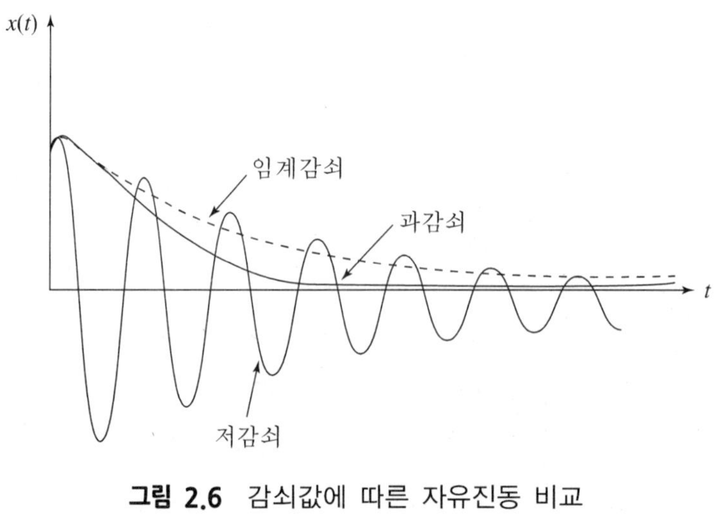

그림 2.6 감쇠값에 따른 자유진동 비교

2.3 감쇠값의 실험적 결정

구조물의 질량은 구조재료의 밀도와 구조물의 부피 등으로부터 산정할 수 있고, 구조물의 강성도는 구조물의 경계조건과 기하 및 재료 특성치를 사용하여 구할 수 있다. 감쇠값은 구조물을 구성하는 재료와 응력상태 등을 고려하여 어느 정도 추정할 수 있지만, 구조물의 진동응답기록으로부터 직접 구하는 것이 가장 정확한 방법일 것이다.

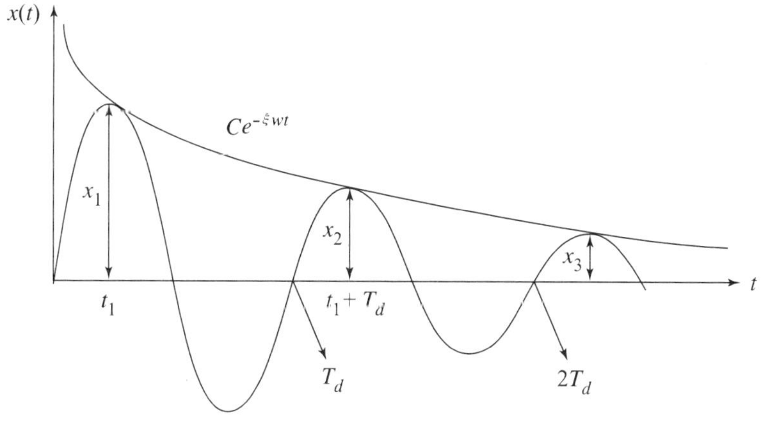

그림 2.7 저감쇠계의 변위 응답에서의 극대값

저감소계의 자유진동 변위응답 곡선의 두 극대값 x_1, x_2의 감소율과 실제 감쇠값과의 관계식으로부터 감쇠값을 구하고자 한다. 이 두 극대값은 진동특성을 나타내는 Cosine 부분을 무시한 $x(t)=Ce^{-\zeta\omega t}$만으로 계산하여도 거의 정확하다. 따라서 첫 극대값의 t축 값이 t_1이라면, 다음 극대값은 한 주기 후인 t_1+T_d에 나타나므로 x_1, x_2는 다음과 같다.

$$x_1 = Ce^{-\zeta\omega t_1}$$

$$x_2 = Ce^{-\zeta\omega(t_1+T_d)}$$

위 두 극대값의 비에 자연로그를 취하여 로그감소(δ)라 하면

$$\delta = \ln\frac{x_1}{x_2} = \xi\omega T_d$$

이다. 즉, 로그감소(δ)는 자유진동시킨 구조물의 변위를 계측하여 곡선을 그리고, 그 극대값들을 비교하여 구할 수 있는 값이다. 위 식에 $T_d = \dfrac{2\pi}{\omega_d} = \dfrac{2\pi}{\omega\sqrt{1-\xi^2}}$ 를 대입하면

$$\delta = \frac{2\pi\xi}{\sqrt{1-\xi^2}}$$

이 된다. 감쇠비(ξ)가 작은 값이면 $\xi^2 \cong 0$이 되므로

$$\therefore\ \delta \simeq 2\pi\xi$$

이 된다. 이 관계식을 사용하면, 계측치로부터 구한 로그감소(δ)를 사용하여 감쇠비 $\xi \simeq \dfrac{\delta}{2\pi}$를 구할 수 있다.

실제의 자유진동 실험에서는 변위계측보다 가속도를 계측하는 것이 더 일반적이다. 따라서 변위 대신에 가속도 응답곡선의 극대값을 사용하는 식으로 로그감소를 다시 유도해 보자. 저감쇠계의 변위응답 $x(t) = Ce^{-\xi\omega t}\cos(w_d t - \alpha)$의 2계도 함수를 구하면

$$\Rightarrow \dot{x}(t) = Ce^{-\xi\omega t}\{-\xi\omega\cos(w_d t-\alpha) - w_d\sin(w_d t-\alpha)\}$$

$$\Rightarrow \ddot{x}(t) = Ce^{-\xi\omega t}\{-\xi\omega\cos(w_d t-\alpha) - w_d\sin(w_d t-\alpha)\}(-\xi\omega) + Ce^{-\xi\omega t}\{\xi\omega\, w_d\sin(w_d t-\alpha) - w_d^2\cos(w_d t-\alpha)\}$$

시간 $t=t_1$에서 $\cos(w_d t-\alpha)=1,\ \sin(w_d t-\alpha)=0$이므로

$$\ddot{x}_1 = Ce^{-\xi\omega t_1}(\xi^2\omega^2 - w_d^2)$$

다음 주기시간 $t=t_2=t_1+T_d$에서도 $\cos(w_d t-\alpha)=1,\ \sin(w_d t-\alpha)=0$이므로

$$\ddot{x}_2 = Ce^{-\xi\omega(t_1+T_d)}(\xi^2\omega^2 - {w_d}^2)$$

가속도 극대값의 비에 로그를 취하면

$$\delta = \ln\frac{\ddot{x}_1}{\ddot{x}_2} = \xi\omega T_d$$

이 된다. 즉, 가속도 응답의 로그감소와 변위 응답의 로그감소가 같다. 결과적으로, 가속도

응답의 극대값의 비에 자연로그를 취하여 구한 로그감소(δ)를 사용하여 감쇠비 $\xi \simeq \dfrac{\delta}{2\pi}$를 산정하여도 변위 계측치로부터 구한 감쇠비와 같은 값을 얻을 수 있다.

예제 3 다음 프레임 구조의 비감쇠 고유진동수, 로그감소, 감쇠비, 감쇠계수, 감쇠 고유진동수를 구하시오. 자유진동의 변위 진폭비는 $x_1/x_2=1.4$이다. 단, 보는 강체이며, 기둥의 $E=210$ GPa, $I=2.0\times10^{-5}$ m^{4}이고, 기둥의 질량은 무시한다.

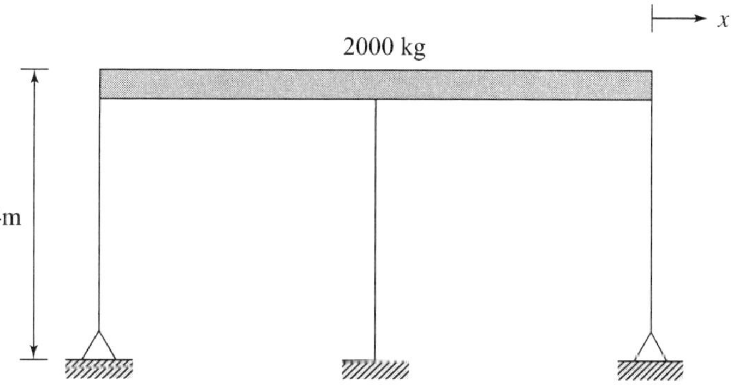

해설 강성도

$$k_e=\frac{3\text{EI}}{L^3}+\frac{12\text{EI}}{L^3}+\frac{3\text{EI}}{L^3}=\frac{18\text{EI}}{L^3}$$

$$=\frac{18\times210\times10^9\times2\times10^{-5}}{4^3}$$

$$=1.181\times10^6\text{N/m}$$

각고유진동수

$$w=\sqrt{\frac{k}{m}}=\sqrt{\frac{1.181\times10^6}{2000}}$$

$$=24.3\text{rad/sec}$$

고유진동수

$$f=\frac{1}{2\pi}\sqrt{\frac{k}{m}}=\frac{1}{2\pi}\sqrt{\frac{1.181\times10^6}{2000}}$$

$$=3.868\text{Hz}$$

로그감소

$$\delta=\ln\frac{x_1}{x_2}=\ln1.4=0.3365$$

감쇠비

$$\xi \simeq \frac{0.3365}{2\pi} = 0.0536$$

감쇠계수

$$c = \xi c_r = \xi 2\sqrt{km}$$

$$= 0.0536 \times 2\sqrt{1.181 \times 10^6 \times 2000}$$

$$= 5.20 \times 10^3 \mathrm{N} \cdot \mathrm{sec/m}$$

감쇠 고유진동수

$$\omega_d = \omega\sqrt{1-\zeta^2} = 24.3\sqrt{1-0.0536^2}$$

$$= 24.27\,\mathrm{rad/s}$$

▌연습문제 ▌

2.1 다음 그림의 고유진동수와 주기를 구하시오. 감쇠는 무시하시오. 단, $E = 210\ \text{GPa}$, $I = 2.0 \times 10^{-4}\ \text{m}^4$, $k_s = 4\ \text{kN/m}$, $m = 200\ \text{kg}$, $L = 20\ \text{m}$이고, 보의 질량은 무시한다.

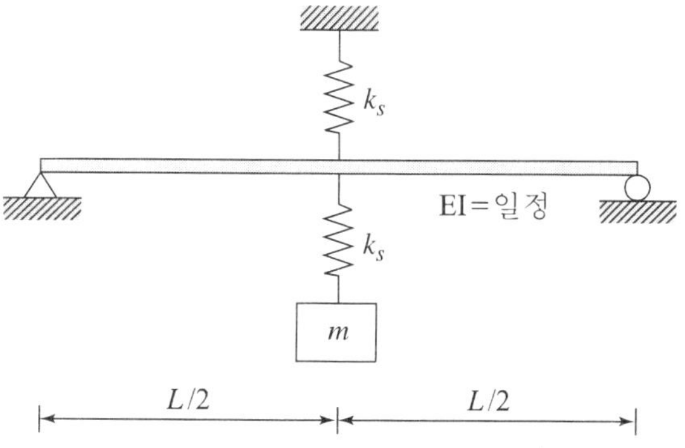

2.2 다음 프레임 구조의 비감쇠 고유진동수, 로그감소, 감쇠비, 감쇠계수, 감쇠 고유진동수를 구하시오. 자유진동의 변위 진폭비 $x_1/x_2 = 1.8$이다. 단, 보는 강체이며, 기둥의 $\text{EI} = 2 \times 10^7\ \text{N} \cdot \text{m}^2$이고, 기둥의 질량은 무시한다.

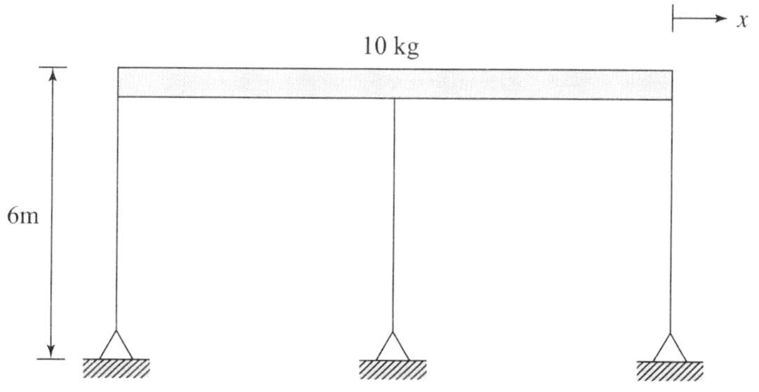

제3장

단자유도계의 조화진동

조화하중(Harmonic Loading) 또는 조화가진(Harmonic Excitation)은 Sine 또는 Cosine 함수 형태의 하중으로, 주기하중 중에서 가장 간단하고 기본적인 하중이다. 회전 기계에 의해 가진되는 구조물은 조화하중에 의해 가진 되는 것으로 볼 수 있다. 통상 일반하중은 조화하중이 아니다. 그러나 퓨리에 변환의 개념과 같이 일반하중을 조화하중들의 조합으로 표현할 수도 있다. 그러므로 각각의 조화하중에 의한 응답을 조합하여 임의의 일반하중에 의한 응답을 구할 수도 있다. 따라서, 조화함수에 의한 단자유도계의 응답특성을 파악하면 일반하중에 의한 동역학적 거동을 이해하는데 도움이 된다.

3.1 비감쇠계

조화하중이 가진 되는 단자유도 비감쇠계의 운동방정식은 다음과 같다.

$$m\ddot{x} + kx = F_0 \sin(\bar{\omega} t)$$

여기서, F_0 : 조하하중의 진폭

$\bar{\omega}$: 조화하중의 가진진동수

위의 미분방정식의 해는

$$x(t) = A\cos\omega t + B\sin\omega t + \frac{F_0/k}{1-r^2}\sin\bar{\omega} t$$

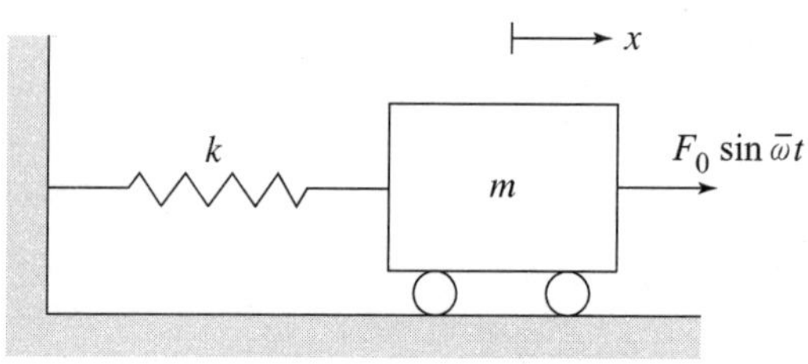

그림 3.1 비감쇠 단자유도계의 조화가진

이다(풀이과정은 공학수학교재 참조).

여기서, $r = \frac{\bar{\omega}}{\omega}$ 는 고유진동수와 가진진동수의 비(진동수비)이다. 앞의 두 항은 자유진동수항이고, 마지막 항은 가진진동수항이다.

만약, 초기조건을

$$x(0) = 0$$
$$\dot{x}(0) = 0$$

으로 취하면 해는 다음과 같이 된다.

$$x(t) = \frac{F_0/k}{1-r^2}\sin\bar{\omega}t - \frac{F_0/k}{1-r^2}r\sin\omega t$$

위의 식에서 첫째항은 가진진동수항, 둘째항은 자유진동수항이다.

$$x_s(t) = \frac{F_0/k}{1-r^2}\sin\bar{\omega}t \ : \text{가진진동수항}$$

$$x_t(t) = -\frac{F_0/k}{1-r^2}r\sin\omega t \ : \text{자유진동수항}$$

가진진동수항은 조화가진에 의해 발생하는 응답으로서 정상상태응답(steady-state response)이라 하는데, 가진력이 존재하면 소멸되지 아니하고 계속되는 응답이며, 자유진동수항은 초기조건에 의한 자유진동과 관련된 응답으로서 감쇠가 존재하는 경우에는 초기에 소멸되는 항이며 일시응답(transient response)이라고 한다. 비감쇠의 경우에는 소멸되지 아니한다.

진동수비(r)가 1이면, 즉 $\bar{\omega} = \omega$과 같이 가진진동수가 구조물 고유진동수와 일치하면 비감쇠계의 운동 진폭은 무한히 커진다. 이러한 현상을 공진(resonance)이라 하며 이런 경우 실제 구조물은 파괴될 수도 있다.

3.2 감쇠계

조화하중이 작용하는 다자유도 감쇠계의 운동방정식은 다음과 같다.

$$m\ddot{x}+c\dot{x}+kx=F_0\sin(\overline{\omega}t)$$

해당 방정식의 해는

$$x(t)=e^{-\xi\omega t}(A\cos\omega_d t+B\sin\omega_d t)+\frac{x_{st}\sin(\overline{\omega}t-\theta)}{\sqrt{(1-r^2)^2+(2\xi r)^2}}$$

여기서, 정적변형 $x_{st}=\dfrac{F_0}{k}$ 이다.

위상각 $\theta=\tan^{-1}\left(\dfrac{2\xi r}{1-r^2}\right)$

일시응답 $e^{-\xi\omega t}(A\cos\omega_d t+B\sin\omega_d t)$은 지수함수에 의해 초기에 소멸되고, 정상응답 $x_{st}\sin(\overline{\omega}-\theta)/\sqrt{(1-r^2)^2+(2\xi r)^2}$ 만 남게 된다. 여기서 일시응답은 수학적으로 천이해(transient solution), 정상응답은 제차해(homogeneous solution)에 해당한다. 즉, 응답초기는 일시응답과 정상응답이 조합되어 거동하고, 점차적으로 일시응답이 소멸되면서 정상응답 만 남게 되다. 즉, 거동 초기에는 구조물 자신의 고유진동수와 가진진동수의 조합으로 흔들리고, 점차로 외력의 가진진동수로 구조물이 흔들리게 된다는 의미이다.

정상응답의 진폭 $X=x_{st}/\sqrt{(1-r^2)^2+(2\xi r)^2}$과 정적변형 x_{st}의 비를 동적확대계수(dynamic amplification factor) 또는 동적증폭계수라고 한다.

$$D=\frac{X}{x_{st}}=\frac{1}{\sqrt{(1-r^2)^2+(2\xi r)^2}}$$

동적확대계수는 조화가진에 의해 발생하는 정상응답의 진폭(X)이 정적변형(x_{st})에 비하여 확대되는 비율을 나타내는 것이다. 동적확대계수는 그림과 같이 매개변수인 진동수비(r)와 감쇠비(ξ)에 따라 결정된다.

비감쇠($\xi=0$)의 경우, $r=1$에서 동적확대계수는 무한대가 되며 위상각은 0이 된다. 감쇠비가 비교적 작은 경우($\xi<0.2$)에는 $r=1$의 부근에서 동적확대계수가 큰 값을 갖는다. 그러나 감쇠비가 증가할수록 진폭비는 급격히 감소하여 $\xi=0.7$ 정도 되면 공진진동수($r=1$)에서도, 동적증폭계수가 1보다 작음을 알 수 있다.

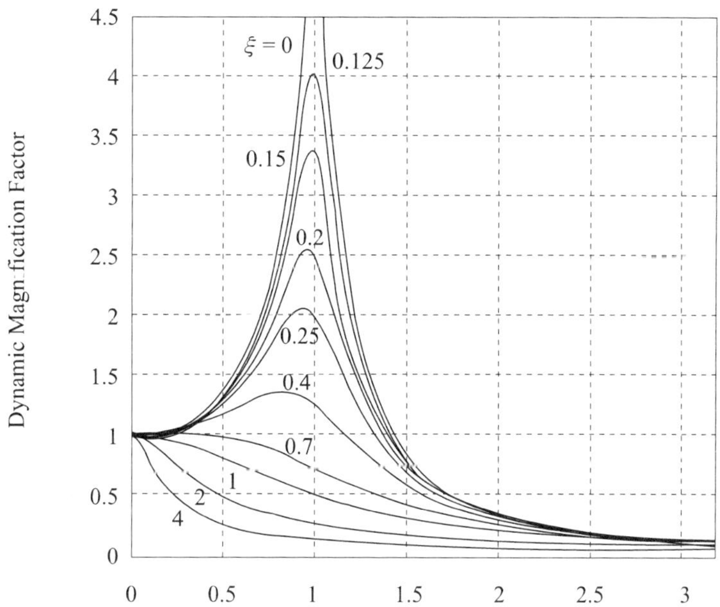

그림 3.2 동적확대계수

비감쇠의 경우에는 $r=1$일 때 동적확대계수가 무한대가 되어 최대가 되지만, 감쇠가 있을 때의 최대 동적확대계수가 발생하는 r을 구하기 위해 동적확대계수 식을 r로 미분하여 최대값을 구하면 $r=\sqrt{1-2\xi^2}$ 에서 최대값을 갖게 된다. 즉, $r=(\overline{\omega}/\omega)$이 1보다 약간 작은 값에서 최대값이 된다. 그림에서 최대값이 $r=1$보다 약간 왼쪽에 나타나며, 감쇠비가 증가할수록 점점 왼쪽으로 치우친다. 그러나 실제로 1에 매우 가까운 값이므로 사실상 공진($r=1$)시에 최대값을 갖는다고 간주할 수 있다.

공진시의 동적확대계수를 구하기 위해 $r=1$을 대입해보면

$$D_{r=1}=\frac{1}{2\xi}$$

이 되어 감쇠비(ξ)에 반비례한다.

예제 1 단순보 중앙에 회전기계가 있는 구조에서 정상응답의 진폭을 계산하시오.

단, 단순보의 질량 무시 　　　　　단순보 지간 = 8m

단순보의 탄성계수 E =200GPa 　　단순보의 단면2차모멘트(I)=5.0×10^{-4}m^4

회전기계의 질량 = 3000kg 　　모터의 회전자(rotor)의 질량 = 20kg

모터 회전진동수 = 400rpm 　　등가점성감쇠비는 10%로 가정

모터의 회전자(rotor)의 불균형 반지름 = 20cm

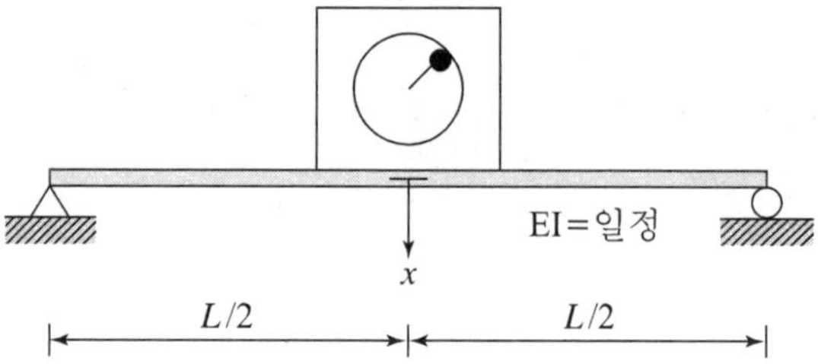

해설 단순보 중앙의 상하변위(x)를 자유도로 하는 단순진동자로 모델링하고, 회전기계에서 조화가진력이 발생하는 것으로 외력을 모델링할 수 있다.

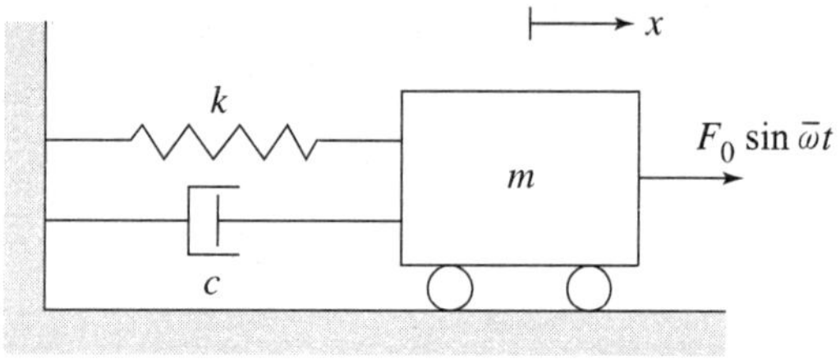

강성도 계수 : 단순보 중앙의 변위에 대한 강성도(부록 참조)

$$k = \frac{48\,\mathrm{EI}}{L^3} = \frac{48 \times 200 \times 10^9 \times 5 \times 10^{-4}}{8^3} = 9.375 \times 10^6\,\mathrm{N/m}$$

고유진동수

$$\omega = \sqrt{\frac{k}{m}} = \sqrt{\frac{9.375 \times 10^6}{3000}} = 55.90\,\mathrm{rad/sec}$$

가진 진동수 (모터의 회전진동수)

$$\bar{\omega} = \frac{2\pi \times 400}{60} = 41.89\ \mathrm{ad/sec}$$

진동수비

$$r = \frac{\bar{\omega}}{\omega} = \frac{41.89}{55.90} = 0.75$$

운동방정식

$$m\ddot{x}+c\dot{x}+kx=F_0\sin(\bar{\omega}t)$$

불균형질량의 회전에 의한 가진력(질량 m, 반지름 r, 회전체의 원심력은 $mr\omega^2$임을 참조하면)

$$F_0=m'e\,\bar{\omega}^2=20\times0.2\times41.89^2=7019\,\text{N}$$

여기서, $m'=20$ 회전자 질량

$e=0.2\text{m}$ 회전자 반지름

동적확대계수 식으로부터

$$D=\frac{X}{x_{st}}=\frac{1}{\sqrt{(1-r^2)^2+(2\xi r)^2}}=\frac{1}{\sqrt{(1-0.75^2)^2+(2\times0.1\times0.75)^2}}$$

$$=2.16$$

정상응답의 진폭

$$X=D\cdot x_{st}=D\cdot\frac{F_0}{k}=2.16\times\frac{7019}{9.375\times10^6}=1.617\times10^{-3}\text{m}$$

예제 2 단순진동자에 조화하중이 작용하고 있다($m=100$ kg, $k=4000$ N/m, $F_0=100$ N).

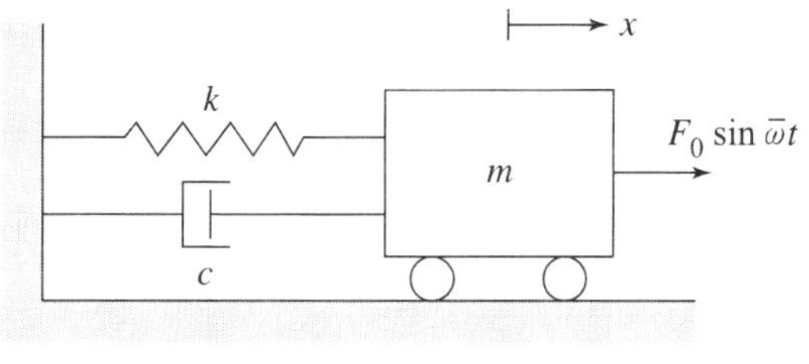

1) 감쇠비(ξ)가 0.02와 0.10일 때, 진동수비($r=\bar{\omega}/\omega$)가 각각 0.5, 1.0, 1.5일 때의 동적확대계수를 구하시오.
2) 감쇠비가 0.10이고 진동수비 $r=1$일 때의 정적변형과 정상진폭을 구하시오.

해설 1) $r=0.5$, 1.0, 2.0에 대하여 동적증폭계수를 구하면

$$D=\frac{1}{\sqrt{(1-r^2)^2+(2\xi r)^2}}$$

	$r=0.5$	$r=1.0$	$r=1.5$
$\xi=0.02$일 때	$D=1.333$	$D=25.0$	$D=0.799$
$\xi=0.10$일 때	$D=1.322$	$D=5.0$	$D=0.778$

2) 정적변형 $x_{st} = \frac{F_0}{k} = \frac{100}{4000} = 0.025\,\text{m} = 2.5\,\text{cm}$

$\xi=0.10$일 때, $r=1.0$에서의 동적확대계수(D)는 5이므로 정상응답의 진폭은

$X=D \cdot x_{st} = 5\times 2.5\,\text{cm} = 12.5\,\text{cm}$이다.

예제 3 다음 프레임 구조의 조화진동에 대하여, 정상상태의 진폭과 기둥의 최대 동적 응력을 구하시오. 감쇠는 5%로 가정하시오. 단, 보는 강체이며, 기둥의 E=200GPa, I = 1.5 × 10^{-4} m^4이고 기둥의 질량은 무시한다. 또한 조화가진은 $f(t) = F_0 \sin(\overline{\omega} t) = 2000 \sin(50t)\,\text{N}$이다.

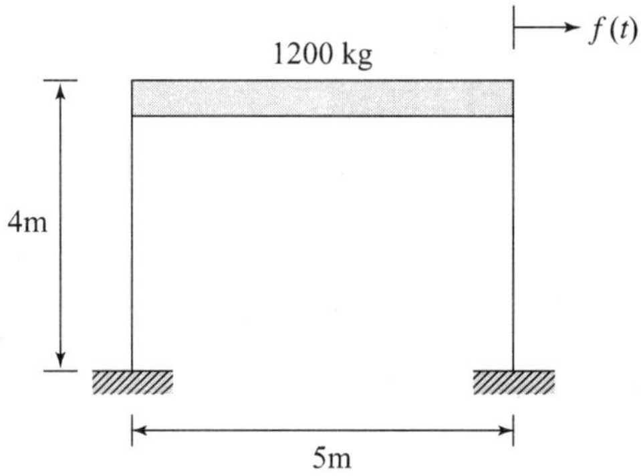

해설

$$k = 2\frac{12\text{EI}}{4^3} = 2\frac{12\times 200\times 10^9\times 1.5\times 10^{-4}}{4^3} = 1.125\times 10^7\,\text{N/m}$$

각고유진동수

$$w = \sqrt{\frac{k}{m}} = \sqrt{\frac{1.125\times 10^7}{1200}} = 96.83\,\text{rad/sec}$$

진동수비

$$r = \frac{\overline{\omega}}{\omega} = \frac{50}{96.83} = 0.516$$

동적증폭계수 $\xi=0.05$일 때

$$D = \frac{1}{\sqrt{(1-0.516^2)^2 + (2\times 0.05\times 0.516)^2}} = 1.360$$

정상상태의 진폭

$$X = D\cdot x_{st} = D\cdot \frac{F_0}{k} = 1.360\times \frac{2000}{1.125\times 10^7} = 2.42\times 10^{-4}\,\text{m} = 0.0242\,\text{cm}$$

예제 4 내민보 구조물에 질량 2000 kg의 회전모터가 설치되어 있다. 내민보의 휨강성은 $EI = 3.0\times10^7$ N · m², $L = 5$ m, 회전자 질량은 20 kg, 회전 중심에서 질량과의 거리는 20 cm($e = 0.2$m), 감쇠비는 0.05일 때, 회전자의 회전진동수($\bar{\omega}$)와 모터의 수직진동 진폭(X)의 관계를 개략적 작도로 표현하시오.

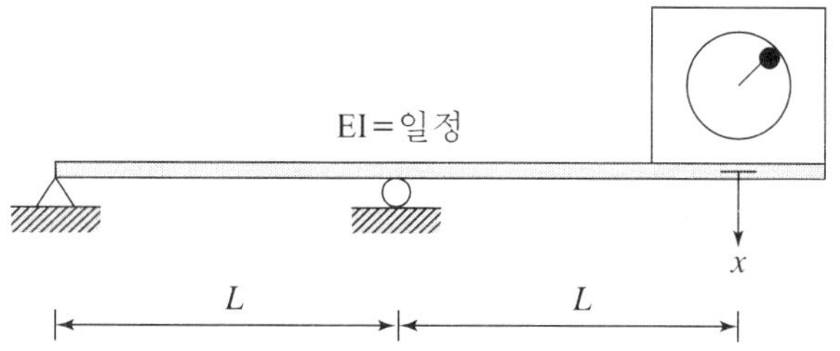

해설

자유도 : 내민보의 회전모터 위치에서의 수직변위(x)

스프링 상수 : 내민보의 끝단의 하중에 의한 수직처짐은 $\Delta = \dfrac{2L^3P}{3EI}$이므로

$$k = \frac{P}{\Delta} = \frac{3EI}{2L^3}$$
$$= \frac{3\times3.0\times10^7}{2\times5^3}$$
$$= 3.6\times10^5 \text{N/m}$$

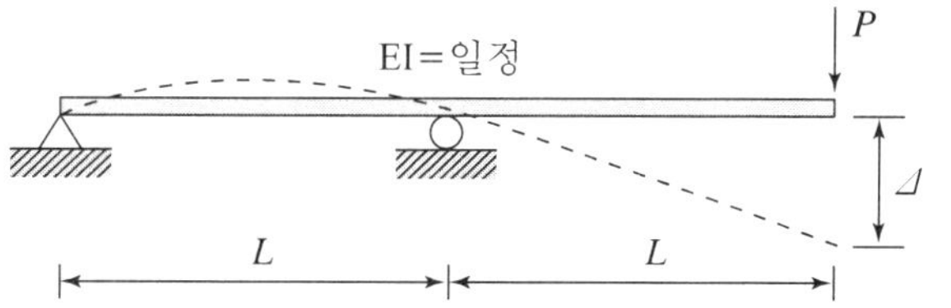

구조물의 고유진동수

$$w = \sqrt{\frac{k}{m}} = \sqrt{\frac{3.6\times10^5}{2000}} = 13.42 \text{rad/s}$$

조화가진력

$$f(t) = m'e\,\bar{\omega}^2 \sin\bar{\omega}t$$
$$= 20\times0.2\times\bar{\omega}^2\sin\bar{\omega}t$$
$$= 4.0\bar{\omega}^2\sin\bar{\omega}t$$

감쇠비 $\xi = 0.05$일 때, 다양한 가진진동수($\bar{\omega}$)에 대한 정상 진폭(X)의 표를 그리고, 그림을 그릴 수 있다.

$$X = D \cdot x_{st} = \frac{F_0/k}{\sqrt{(1-r^2)^2 + (2\xi r)^2}}$$

여기서, $r = \frac{\bar{\omega}}{\omega} = \frac{\bar{\omega}}{13.42}$,

$F_0 = 4\bar{\omega}^2$

$\xi = 0.05$

$k = 3.6 \times 10^5 \mathrm{N/m}$

$\bar{\omega}$를 3.0에서 30까지 0.1간격으로 취하여 X를 구하였다. 그 일부를 아래에 나타내었고, 그림으로 응답 진폭곡선을 표현하였다.

$\bar{\omega}$	3.0	6.5	10.0	13.5	17.0	20.0	25.0	30.0
D	1.052	1.304	2.218	9.871	1.619	0.813	0.404	0.250
X [mm]	0.105	0.612	2.464	19.99	5.198	3.613	2.803	2.498

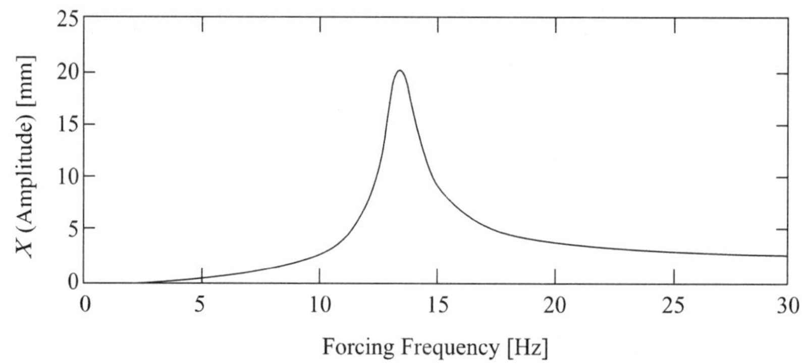

3.3 정상 조화응답을 이용한 감쇠 평가

앞 장에서 자유진동 진폭의 로그감소를 계측하여 감쇠를 평가할 수 있음을 설명하였다. 본 절에서는 공진 근처의 정상 조화응답을 관찰하여 감쇠를 평가하는 방법을 소개한다. 먼저 구조물의 고유진동수 부근의 동적확대계수 곡선을 구할 수 있도록 공진 부근의 진동수 범위 내에서 구조물을 조화가진 시킨다. 공진부근의 여러 점에서 조화가진력을 작용시켜 정상상태의 변위진폭(X)을 측정한다. 측정된 진폭을 정적 변형 x_{st}으로 나누어 동적확대계수를 구하여 다음과 같은 그림을 그릴 수 있다.

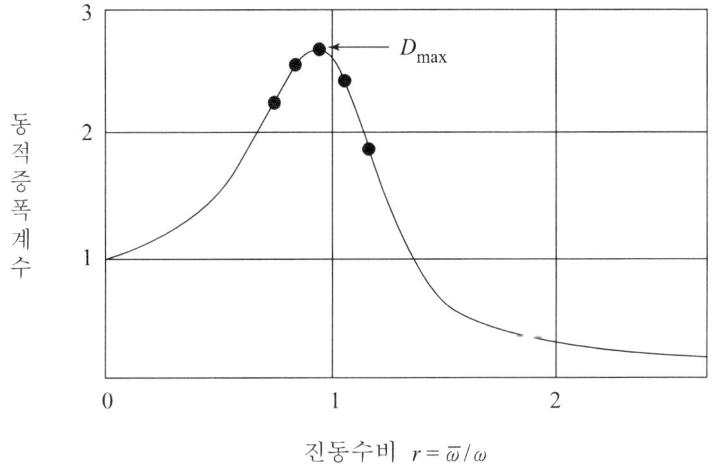

그림 3.3 실험으로 구한 동적확대계수

정적변형 x_{st}를 계측하기 어려운 특별한 경우를 제외하고는 실험적으로 동적확대계수를 구하면 그림 3.3과 같다.

$$D = \frac{X}{x_{st}}$$

앞 절에서 유도한 공진시의 동적확대계수는

$$D_{r=1} = \frac{1}{2\xi}$$

이다. 그림 3.3에서 $r=1$일 때의 세로축 값이지만, 현실적으로 실험에서는 $r=1$인 곳을 알 수 없기 때문에 최대값 D_{max}를 구하여 감쇠비를 구한다. 그렇게 해도 오차는 미미하다.

$$\xi = \frac{1}{2D_{r=1}} \simeq \frac{1}{2D_{max}}$$

이 실험을 위해서는 공진진동수를 포함할 수 있는 진동수 범위 내에서 구조물을 가진시키고, 진폭을 측정할 수 있는 변환기(transducer)가 필요하다.

3.4 감쇠 평가의 또 다른 방법 : 밴드폭법

조화가진에 의한 응답진폭 곡선식은 다음과 같이 정적변형(x_{st}), 진동수비(r), 감쇠비(ξ)의 매개변수로 구성되어 있다. 즉, 실험으로부터 응답진폭곡선을 구할 수 있다면 계측된 곡선으로부터 감쇠비(ξ)를 추출해 낼 수도 있음을 알 수 있다.

$$X = D \cdot x_{st} = \frac{x_{st}}{\sqrt{(1-r^2)^2 + (2\xi r)^2}}$$

그림 3.4와 같이 최대진폭($X_m \simeq x_{st} / \sqrt{2\xi}$)의 $1/\sqrt{2}$ 진폭에 해당하는 가진 진동수 $\overline{f}_1$, $\overline{f}_2$를 구할 수 있다. 그림의 수평축을 $\overline{\omega}$ 대신 $\overline{f}$로 변환하여 그리면 실험적 측면에서 편리하다. 즉 $\overline{f}_1$, $\overline{f}_2$는 다음 식과 $r = \frac{\overline{\omega}}{\omega} = \frac{\overline{f}}{f}$ 로부터 구할 수 있다.

$$\frac{x_{st}}{\sqrt{(1-r^2)^2 + (2\xi r)^2}} = \frac{1}{\sqrt{2}} \frac{x_{st}}{2\xi}$$

이 식에서 x_{st}는 상쇄되므로 ξ와 $\overline{f}$만 변수로 남게 된다.

위의 식에 ξ가 충분히 작다는 가정을 사용하여 간단히 정리하면

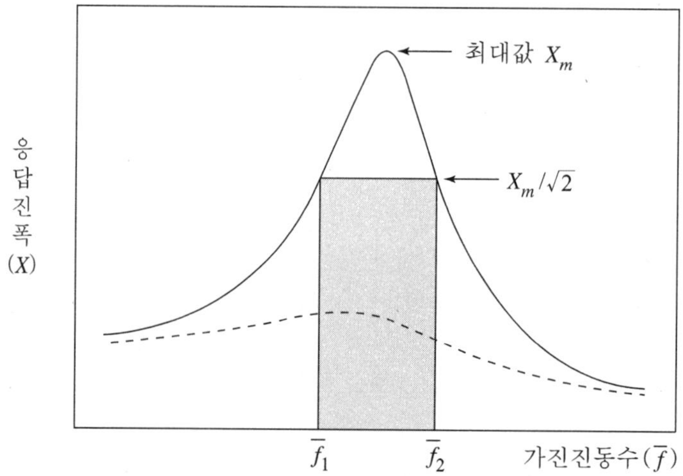

그림 3.4 조화실험으로 구한 응답진폭 곡선

$$\xi = \frac{\overline{f}_2 - \overline{f}_1}{\overline{f}_2 + \overline{f}_1}$$

이다. 즉, 실험으로부터 구한 $\overline{f}_1$, $\overline{f}_2$로부터 감쇠비(ξ)를 계산해 낼 수 있다.

밴드폭을 사용하여 감쇠를 추정하기 위해서는 몇몇의 조건이 필요하다. 위의 식을 유도하는 과정에서 감쇠비가 충분히 작다는 조건을 사용하여 수식을 간단히 하였으므로, 우선 감쇠비가 충분히 작아야 한다. 또한 감쇠비가 작아야 가진진동수에 대한 조화응답진폭 곡선이 충분히 높은 최대점을 갖게 되어 최대진폭의 $1/\sqrt{2}$에서 밴드폭을 측정하여 $\overline{f}_1$, $\overline{f}_2$를 얻을 수 있다. 감쇠비가 충분히 작지 않으면 그림의 점선과 같은 곡선이 되어 최대진폭의 $1/\sqrt{2}$ 밴드폭을 그림으로부터 구하기 어렵다.

예제 5 단자유도계 조화진동에 대한 응답진폭을 실험으로 구한 아래 그림으로부터 해당 구조계의 감쇠비를 추정하시오.

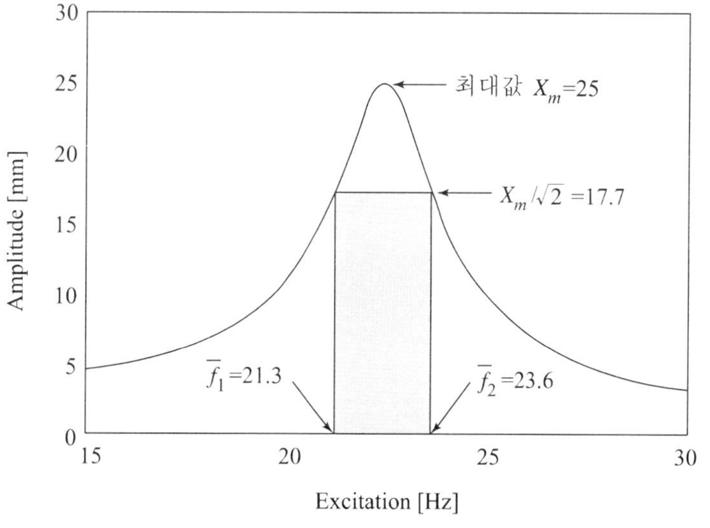

해설 그림에서 최대진폭 = 25 mm

최대진폭의 $1/\sqrt{2} = 25/\sqrt{2} = 17.7\,\text{mm}$

밴드폭에 해당하는 진동수 $\overline{f}_1 = 21.3\,\text{Hz}$, $\overline{f}_2 = 23.6\,\text{Hz}$

감쇠비 계산 $\xi = \dfrac{\overline{f}_2 - \overline{f}_1}{\overline{f}_2 + \overline{f}_1} = \dfrac{23.6 - 21.3}{23.6 + 21.3} = 0.0512$

감쇠비는 5.12%

3.5 지점 운동에 의한 단자유도계의 절대응답

지반 위에 있는 건물이나 구조물은 지진이나 지하폭발에 의한 지반의 움직임에 의해 동적인 거동을 하게 된다. 이런 경우는 아래의 자유물체도와 같이 지점이 움직이는 것으로 모델링할 수 있다.

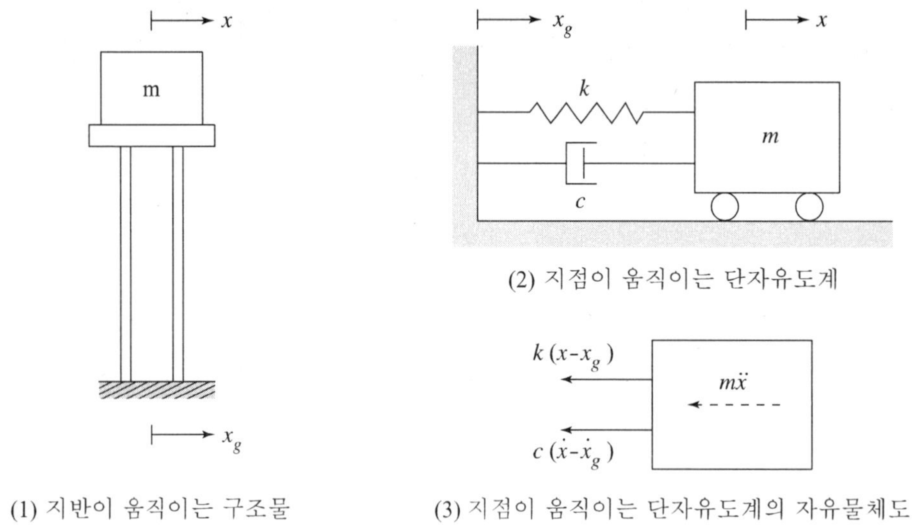

그림 3.5 지점이 움직이는 단자유도계

위의 자유물체도의 운동방정식은 다음과 같다.

$$m\ddot{x}+c(\dot{x}-\dot{x}_g)+k(x-x_g)=0 \Leftrightarrow m\ddot{x}+c\dot{x}+kx=c\dot{x}_g+kx_g$$

지점운동이 조화적인 경우, $x_g=X_g\sin\overline{\omega}t$를 운동방정식에 대입하면

$$m\ddot{x}+c\dot{x}+kx=c\overline{\omega}X_g\cos\overline{\omega}t+kX_g\sin\overline{\omega}t$$

이고, 우변의 두 항을 정리하면 다음과 같다.

$$m\ddot{x}+c\dot{x}+kx=F_0\sin(\overline{\omega}t+\beta)$$

여기서, $F_0 = X_g\sqrt{k^2 + (c\overline{\omega})^2} = X_g k\sqrt{1+(2r\xi)^2}$

$\tan\beta = 2r\xi$

위의 운동방정식의 해는 앞 장의 결과를 참고하여 다음과 같이 구해진다.

$$\begin{aligned} x(t) &= \frac{F_0/k\sin(\overline{\omega}t+\beta-\theta)}{\sqrt{(1-r^2)^2+(2\xi r)^2}} \\ &= \frac{X_g\sqrt{1+(2\xi r)^2}}{\sqrt{(1-r^2)^2+(2\xi r)^2}}\sin(\overline{\omega}t+\beta-\theta) \end{aligned}$$

단자유도 구조물의 진폭(X)과 지점운동 진폭의 비를 아래와 같이 변위전달계수(Transmissibility)라고 정의한다.

$$T_r = \frac{X}{X_g} = \frac{\sqrt{1+(2\xi r)^2}}{\sqrt{(1-r^2)^2+(2\xi r)^2}}$$

지점의 최대진폭에 비하여 구조물의 진폭이 얼마나 커지는 지를 나타내는 계수이다. 실제로 지진과 같은 경우, 지점운동을 가속도로 접근하는 것이 일반적이다. 그래서 지점운동의 가속도 진폭에 비하여 구조물의 가속도 진폭 비를 아래와 같이 가속도전달계수라고 정의한다.

지점운동의 변위식을 두 번 미분하여 가속도로 나타내면

$$\ddot{x}_g = -X_g\overline{w}^2\sin\overline{\omega}t$$

이다. 이와 유사하게 구조물의 변위 $x(t)$를 두 번 미분하여 가속도로 나타내면,

$$\ddot{x}(t) = \frac{-\overline{\omega}^2 X_g\sqrt{1+(2\xi r)^2}}{\sqrt{(1-r^2)^2+(2\xi r)^2}}\sin(\overline{\omega}t+\beta-\theta)$$

위의 두 식에서 진폭비를 구하면 변위전달계수와 동일하다.

$$T_r = \frac{\overline{\omega}^2 X}{\overline{\omega}^2 X_g} = \frac{X}{X_g} = \frac{\sqrt{1+(2\xi r)^2}}{\sqrt{(1-r^2)^2+(2\xi r)^2}}$$

즉, 변위전달계수와 가속도전달계수는 같다.

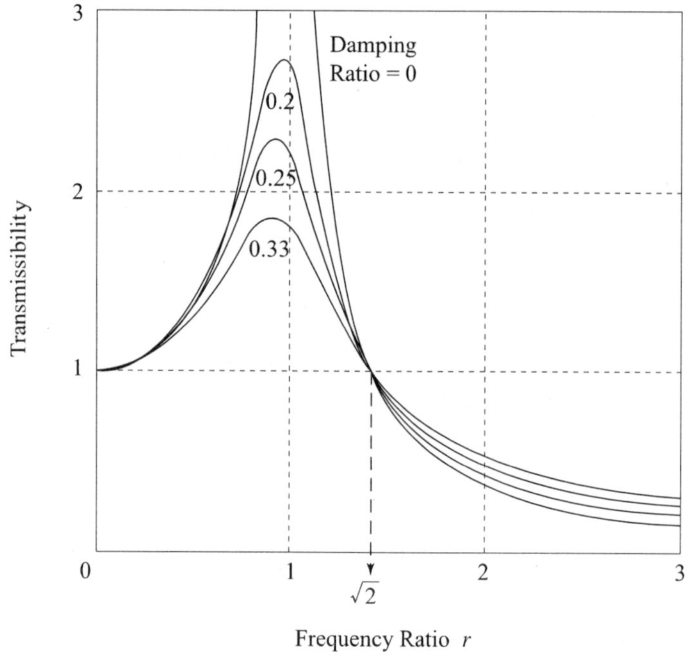

그림 3.6 전달계수

진동수비 $r = 1$인 경우, 즉 지점운동의 진동수와 구조물의 고유진동수와 같으면 공진이 일어나 지점의 운동이 크게 확대 전달되어 구조물의 거동이 지점의 운동의 몇 배로 커질 수 있다. 이러한 현상은 감쇠비가 작을수록 커진다. 즉, $r < \sqrt{2}$ 인 진동수 구간에서는 지점의 거동이 확대되어 구조물에서 나타나며, 감쇠가 클수록 전달계수를 작게 할 수 있다. 그러나 $r > \sqrt{2}$ 인 가진진동수 구간에서는 전달계수가 1보다 작게 되어 지점의 운동이 확대되어 구조물에 나타나지 않는다. 그러나 이 구간에서는 감쇠비가 클수록 전달계수가 커지므로, 진동이 구조물에 전달되는 것을 억제하고자 하는 경우에 이 구간에서는 감쇠비가 클수록 불리하다.

구조물이 지진에 영향을 받을 때, 구조공학 관점의 해결책은 여러 가지가 있다. 우선 구조물을 설계하는 과정에서 충분한 내진성능을 가지도록 내진설계를 하거나, 지반의 운동이 구조물에 영향을 미치지 않도록 하는 면진장치를 이용하는 방법이 있다. 또한 내진설계가 되지 않은 기존의 구조물의 경우에는 진동제어장치를 구조물에 설치하여 구조물의 과도한 거동을 강제로 억제하는 방법이 있다. 이 중에서 면진장치는 전달계수 개념으로 설명할 수 있다. 면진장치를 단자유도계로 모델링하면 지진이 지점의 운동[$x_g(t)$]이 되고 면진장치의 움직임[$x(t)$, 건물바닥의 움직임]이 된다. 면진장치의 고유진동수 ω는 매우 작은 값이므로 진동수비 $r = \frac{\bar{\omega}}{\omega}$가 매우 커진다. 그러면 그림 3.5에서와 같이 전달계수가 아주 작아지고, 지진의 진동이 면진장치를 통과하면 축소되어 건물에 전달되는 것이다.

예제 6 다음과 같이 2차원 수조가 두 개의 기둥으로 지지되어 있고, 지반운동이 $x_g = 0.04\sin 13.5t$ 로 조화운동일 때, 수조의 최대 변위진폭을 구하시오. 여기서, m = 5000 kg, 수조의 높이 L = 8 m, 기둥의 휨강성 EI = 3.0×10^7 N · m^2, 구조물의 감쇠비는 0.05 이다.

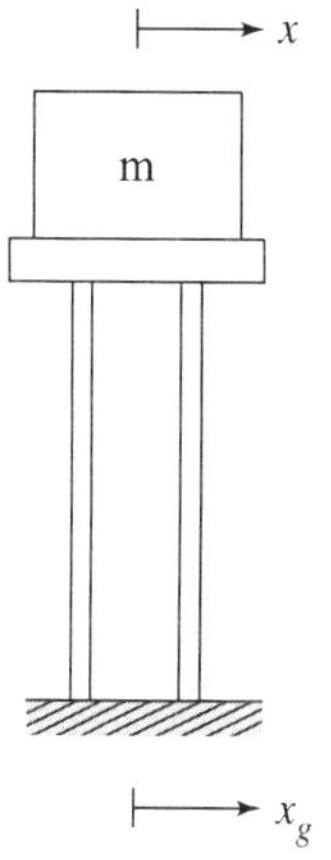

해설 기둥의 강성도 : 수조를 받치는 밑변 거더가 강체라고 가정하면

$$k = 2\frac{12\,\mathrm{EI}}{L^3} = 2\frac{12\times3\times10^7}{8^3} = 1{,}406{,}250\,\mathrm{N/m}$$

고유진동수 $\omega = \sqrt{\frac{k}{m}} = \sqrt{\frac{1{,}406{,}250}{5000}} = 16.8\,\mathrm{rad/sec}$

진동수비 $r = \frac{\bar{\omega}}{\omega} = \frac{13.5}{16.8} = 0.805$

전달계수 $T_r = \frac{X}{X_g} = \frac{\sqrt{1+(2\times0.05\times0.805)^2}}{\sqrt{(1-0.805^2)^2+(2\times0.05\times0.805)^2}} = 2.78$

수조의 최대 변위진폭 $X = T_r X_g = 2.78\times0.04 = 0.111\,\mathrm{m} = 11.1\,\mathrm{cm}$

예제 7 지반 운동 $x_g = 0.15\sin 16.5t$ 의 영향이 건물 기초에 축소되어 전달되도록 적층고무로 면진시켰다. 지반의 진동이 기초에 1/5 이하로 전달되도록 적층고무의 스프링 강성도를 다음 두 경우에 대하여 구하시오. 건물전체의 질량 m은 2000kg이다.

(1) 고무의 감쇠계수와 강성도는 SI단위계에서 $c = k/150$의 관계가 있다고 가정할 경우

(2) 고무의 감쇠를 무시한 경우

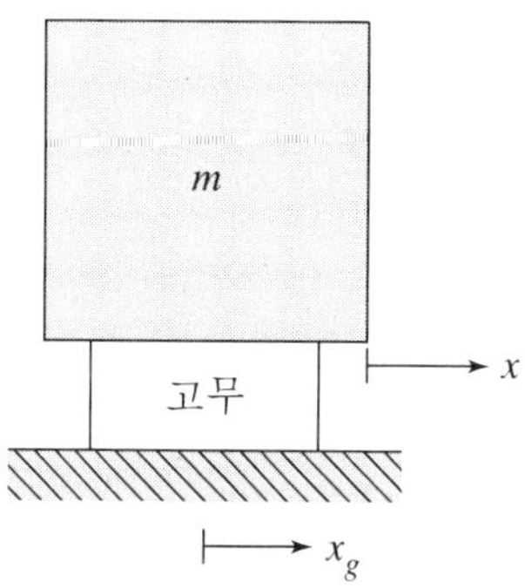

해설 건물 전체를 한 덩어리로 단순화 하고 고무층을 단자유도계로 가정하면 다음과 같이 모형화 할 수 있다.

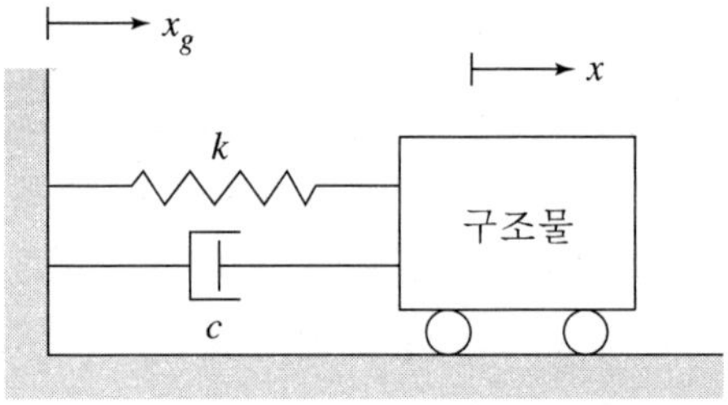

모형에서 k와 c는 고무의 특성치이다. x는 구조물 기초의 변위라고 하자.
전달계수 : 구조물 기초의 진폭/지반의 진폭

$$T_r = \frac{X}{X_g} = \frac{\sqrt{1+(2\xi r)^2}}{\sqrt{(1-r^2)^2+(2\xi r)^2}}$$

(1) 고무의 감쇠비를 $\xi = 0.01$으로 가정하고, 전달계수에 1/5을 대입하면

$$T_r = \frac{\sqrt{1+(0.02r)^2}}{\sqrt{(1-r^2)^2+(0.02r)^2}} = \frac{1}{5}$$

이다. 이 식을 제곱하여 정리한다.

$$r^4 - 2.0096r^2 - 24 = 0$$

이 방정식을 풀면

$$r = 2.4507$$

$$\omega = \frac{\overline{\omega}}{r} = \frac{16.5}{2.4507} = 6.733 \text{ rad/sec}$$

$$k = m\omega^2 = 2000 \times 6.733^2 = 90663 \text{N/m}$$

$$c = k/150 = 90663/150 = 604.4 \text{N} \cdot \text{s/m}$$

$$\xi = \frac{c}{c_{cr}} = \frac{c}{2\sqrt{km}} = \frac{604.4}{2\sqrt{90402 \times 2000}} = 0.0224$$

처음 가정한 감쇠비 $\xi = 0.01$를 위에 도출된 감쇠비 $\xi = 0.0224$로 교체 가정하고, 위의 과정을 다시 계산하면 $k = 90314$ N/m이 계산되고, 감쇠비가 $\xi = 0.0224$가 되어 수렴되므로 고무의 강성도는 $k = 90314$ N/m라고 결정할 수 있다.

(2) 고무의 감쇠비에 $\xi = 0.0$, 전달계수에 1/5을 대입하면,

$$T_r = \frac{1}{\sqrt{(1-r^2)^2}} = \frac{1}{5}$$

$$\therefore\ r=\sqrt{6}=2.45$$

$$\omega=\frac{\bar{\omega}}{r}=\frac{16.5}{2.45}=6.735\,\text{rad/sec}$$

$$k=m\omega^2=2000\times 6.735^2=90{,}720\,\text{N/m}$$

예제 8 도로면의 상하 굴곡이 아래 그림과 같이 Sine 형상으로 이상화할 수 있고, 파장이 5m, 진폭이 5cm이다. 그 위를 달리는 자동차를 1자유도계로 모델링할 때 현가장치의 강성도를 2.0×10^5 N/m로 하고, 자동차의 질량을 1000kg으로 가정하여 100 km/hr로 주행할 경우, 자동차의 수직진동의 진폭을 구하시오. 단, 자동차의 점성감쇠비는 0.30으로 하시오.

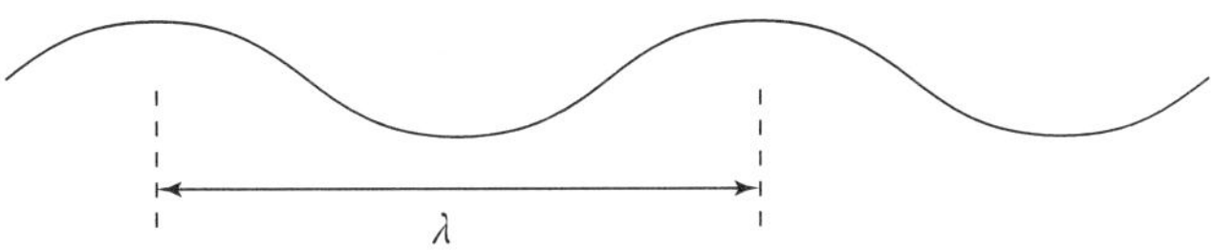

해설 자동차를 1자유도계로 모델링하면 다음 그림과 같다.

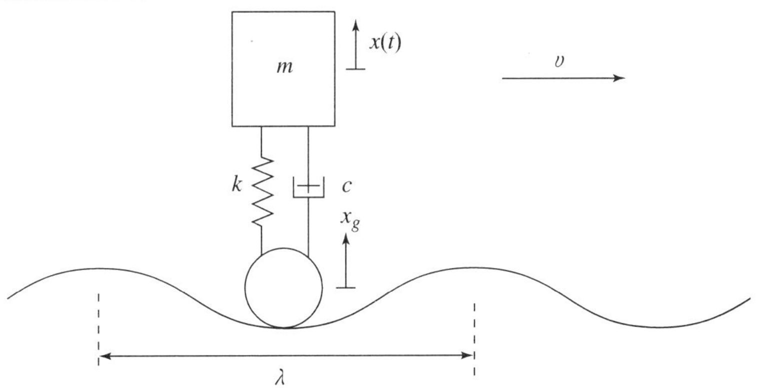

바퀴의 수직변위는 단자유도계의 지점의 운동으로 간주할 수 있다.

$$x_g(t)=0.05\sin\bar{\omega}t$$

0.05는 5cm의 도로 상하진폭을 의미하고 $\bar{\omega}$는 지점 운동의 진동수로서, 지점운동이 하중이 되므로 운동방정식에서는 가진진동수가 된다.

그런데 자동차의 속도(v), 도로의 파장으로부터 지점운동의 진동수는 $\bar{\omega}=\dfrac{2\pi v}{\lambda}$가 된다.

여기서, $v=100\,\text{km/hr}=\dfrac{100\times10^3\text{m}}{3600\,\text{sec}}=27.8\,\text{m/sec}$, $\lambda=5\,\text{m}$이므로

$$\bar{\omega}=\frac{2\pi\times27.8}{5}=34.91\,\text{rad/sec}$$

이다. 자동차의 고유진동수 $\omega = \sqrt{\dfrac{k}{m}} = \sqrt{\dfrac{2\times 10^5}{1000}} = 14.14\,\text{rad/sec}$

$$\text{진동수비 } r = \frac{\overline{\omega}}{\omega} = \frac{34.91}{14.14} = 2.468$$

을 전달계수식

$$T_r = \frac{X}{X_g} = \frac{\sqrt{1+(2\xi r)^2}}{\sqrt{(1-r^2)^2+(2\xi r)^2}} = \frac{\sqrt{1+(2\times 0.3\times 2.468)^2}}{\sqrt{(1-2.468^2)^2+(2\times 0.3\times 2.468)^2}}$$

$$= 0.337$$

에 대입하여 전단계수를 구한 후 자동차의 수직진폭을 다음과 같이 구할 수 있다.

$$X = T_r X_g = 0.337\times 0.05 = 0.0168\,\text{m} = 1.68\,\text{cm}$$

3.6 지점 운동에 의한 단자유도계의 상대응답

앞 절에서 유도된 운동방정식은 절대변위 $x(t)$로 표현된 것이다. 상대변위 $u(t) = x(t) - x_g(t)$로 운동방정식을 표현하면

$$m\ddot{u} + c\dot{u} + ku = -m\ddot{x}_g$$

이다. 앞 절에서 정리된 $\ddot{x}_g = -X_g\overline{w}^2 \sin\overline{\omega}t$를 대입하면

$$m\ddot{u} + c\dot{u} + ku = mX_g\overline{\omega}^2 \sin\overline{\omega}t$$

이고, 이 식에서 $F_0 = mX_g\overline{\omega}^2$라고 하면 다음과 같은 해를 구할 수 있다.

$$u(t) = \frac{mX_g\overline{\omega}^2/k}{\sqrt{(1-r^2)^2+(2r\xi)^2}}\sin(\overline{\omega}t-\theta)$$

여기서, $\dfrac{\overline{w}^2}{k/m} = \dfrac{\overline{w}^2}{\omega^2} = r^2$이므로

$$u(t) = \frac{r^2X_g}{\sqrt{(1-r^2)^2+(2r\xi)^2}}\sin(\overline{\omega}t-\theta)$$

연습문제

3.1 외팔보에 회전기계가 있는 구조에서 정상응답의 진폭을 계산하시오.
단, 외팔보의 질량 무시
단순보의 탄성계수 E= 200GPa
단순보의 단면2차모멘트(I) = 5.0×10^{-4} m^4
회전기계의 질량 = 1000kg
모터의 회전자(rotor)의 질량 = 20kg
모터의 회전자(rotor)의 불균형 반지름 = 10cm
모터 회전진동수 = 300rpm
보의 등가 점성감쇠비는 10%로 가정

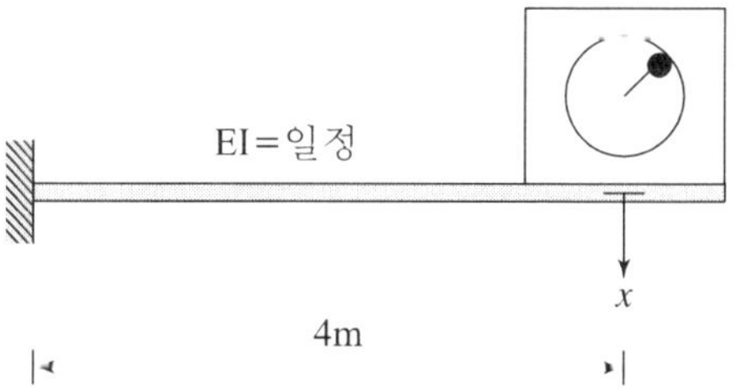

3.2 다음과 같이 2차원 수조가 두 개의 기둥으로 지지되어 있고, 지반운동이 $x_g = 0.12\sin 15.5t$ [m]로 조화운동일 때, 수조의 최대 변위진폭을 구하시오.
여기서, m = 4000 kg
수조의 높이 L = 6 m
기둥의 휨강성 EI = 2.0×10^7 N·m^2
구조물의 감쇠비 = 0.1

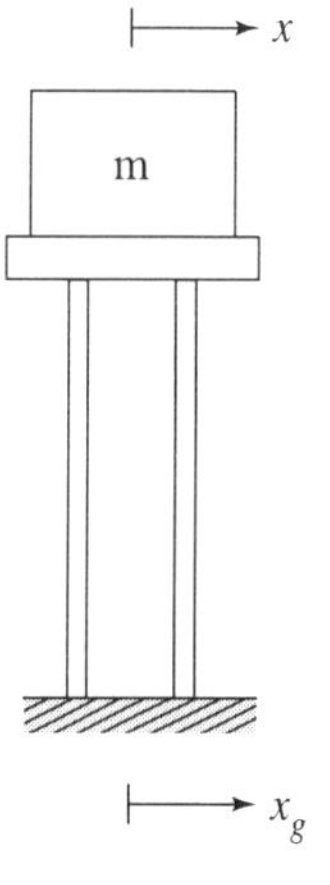

3.3 지반 운동 $x_g = 0.75\sin 12t$ [m]의 영향이 건물 기초에 축소되어 전달되도록 적층고무로 면진시켰다. 지반의 진동이 기초에 1/4 이하로 전달되도록 적층고무의 스프링 강성도를 구하시오. 건물전체의 질량 m = 500 kg이다. 고무의 감쇠계수와 강성도는 SI단위계에서 $c = k/100$의 관계가 있다고 가정한다.

제4장

일반 동적하중에 의한 단자유도계의 응답

동적하중은 조화하중과 같이 간단한 함수형태인 경우는 매우 드물기 때문에 임의의 형태의 일반 동적하중에 대한 단자유도계의 응답을 구하는 기법을 익혀야 한다. 일반하중은 짧은 시간 동안에 작용하는 충격력의 합으로 간주하여, 단위충격력에 대한 단자유도계의 응답을 유도하고, 이들을 조합하여 일반하중에 대한 응답을 구한다.

4.1 단위충격량과 단자유도계의 응답

운동량 보존의 법칙은 물체가 충격을 받으면 받은 충격량만큼 운동량이 변한다는 물리법칙이다.

$$F \cdot \Delta t = m \Delta v = m(v' - v)$$

⇔ 충격량(Impulse) = 운동량(Momentum)의 변화량

$t = t^-$ (시간 t 이전)	$t \sim t + \Delta t$ (Δt시간 동안 F 작용)	$t = t + \Delta t$ (Δt시간 지난 이후)
(m) ⟶ v	F ⟶ (m)	(m) ⟶ $v' = v + \Delta v$

이러한 힘(F)을 충격력이라 하는데, 충격력은 보통 매우 짧은 시간에 작용하는 대단히 큰 힘을 의미한다. 또한 충격력과 작용시간을 곱한 물리량을 충격량(impulse)이라 한다.

단위충격량(Unit Impulse)은 크기가 1인 충격량을 의미한다. 보통 $t = \tau$에 존재하는 단위충격량을 $\delta(t - \tau)$로 표기한다.

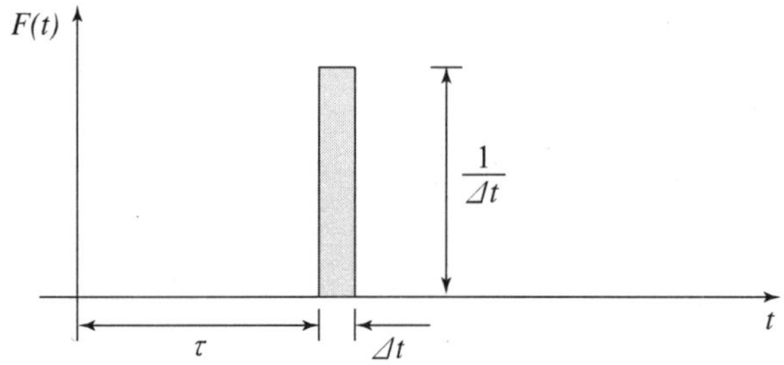

그림 4.1 단위충격량

단위충격량의 정의는 다음과 같다.

$$t \neq \tau \text{에서 } \delta(t-\tau) = 0$$

$$\int_0^{\infty} \delta(t-\tau)\, dt = 1$$

$$\int_0^{\infty} \delta(t-\tau) f(t)\, dt = f(\tau)$$

먼저 $t=0$일 때에 단위충격량이 가해진 저감쇠 구조물의 응답을 관찰해보자. 해당 단자유도계의 운동방정식은 다음과 같다.

$$m\ddot{x} + c\dot{x} + kx = \delta(t)$$

초기변위 $x(0)=x_0$, 초기속도 $\dot{x}(0)=v_0$의 조건에서, 자유진동에 대한 응답은 앞장에서 유도된 것처럼 다음과 같다.

$$x(t) = e^{-\xi\omega t}\left[x_0 \cos w_d t + \frac{v_0 + x_0 \xi \omega}{\omega_d} \sin w_d t\right]$$

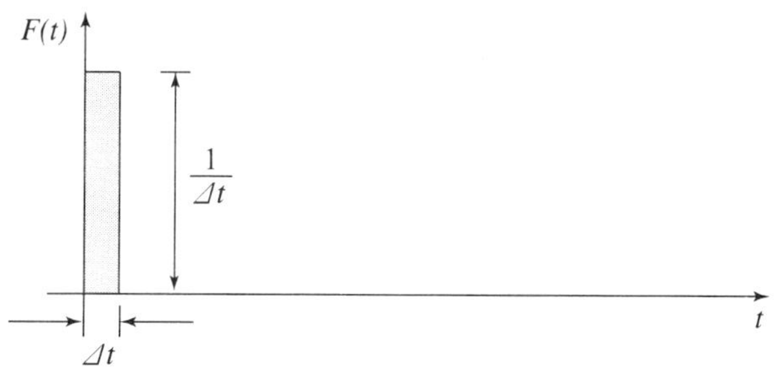

그림 4.2 $t=0$에서의 단위충격량

만일 위의 단위충격량이 가해지기 전의 단자유도계의 초기조건이 모두 0, 즉 초기변위 $x(0)=x_0=0$, 초기속도 $\dot{x}(0)=v_0=0$이고 아주 짧은 시간에 단위충격량을 받았다면 운동량 보존의 법칙으로 다음과 같은 관계가 성립된다.

$$1 = m\left(v|_{t=0^+} - v|_{t=0^-}\right)$$

여기서, $v|_{t=0^-}$는 충격직전의 속도로 조건과 같이 0이므로 충돌직후 속도 $v|_{t=0^+}$는 위의 식에서

$$v|_{t=0^+} = \frac{1}{m}$$

이 된다. 즉, 단위충격량에 의해 초기속도 $\dot{x}(0) = v_0 = 1/m$으로 변한 것이다. 이때 초기변위는 그대로 0이다($x_0 = 0$). 이 초기조건 $x_0 = 0$, $\dot{x}(0) = v_0 = 1/m$을 위의 해에 대입하여 정리하면

$$x(t) = e^{-\xi\omega t}\left[\frac{1}{m\omega_d}\sin\omega_d t\right]$$

이다. 이 해는 $t=0$에 작용된 단위충격량에 대한 단자유도계의 응답을 나타내며, 이 함수를 $h(t)$로 표기하고, 충격응답함수(Impulse Response Function) 또는 충격반응함수라고 부른다. 해당 그래프는 그림과 같다.

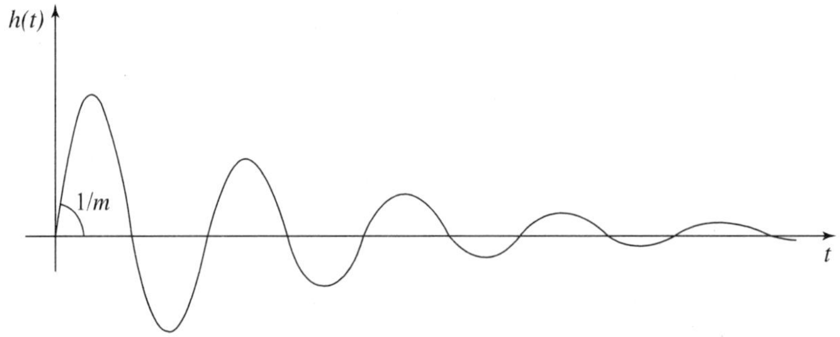

그림 4.3 충격응답함수

단위충격량 대신 $t=0$에 충격량 $\widehat{F}$를 가하면 초기속도 $v_0 = \widehat{F}/m$가 되고, 응답은

$$x(t) = e^{-\xi\omega t}\left[\frac{\widehat{F}}{m\omega_d}\sin\omega_d t\right] = \widehat{F}\cdot h(t)$$

이 된다. 한편, 충격량이 $t=0$에서 작용하지 않고, $t=\tau$에서 작용되면 응답도 이동된 형태로 나타난다.

$$x(t) = \widehat{F} \cdot h(t-\tau)$$

그림으로 나타내면

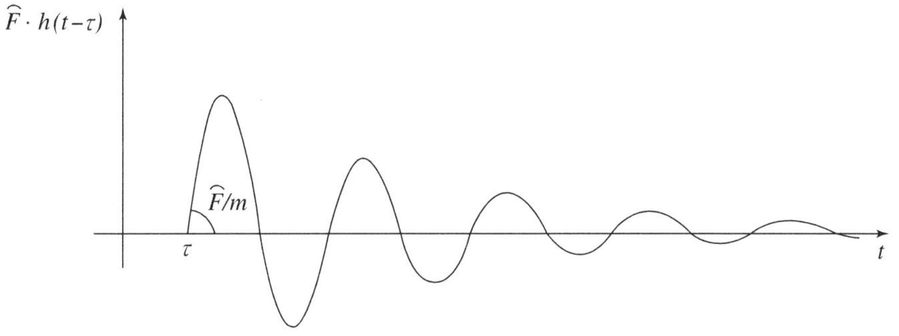

그림 4.4 충격량($\widehat{F}$)에 의한 응답

일반적인 동적하중은 미소시간구간으로 나누면 일련의 충격량의 합으로 표현할 수 있다.

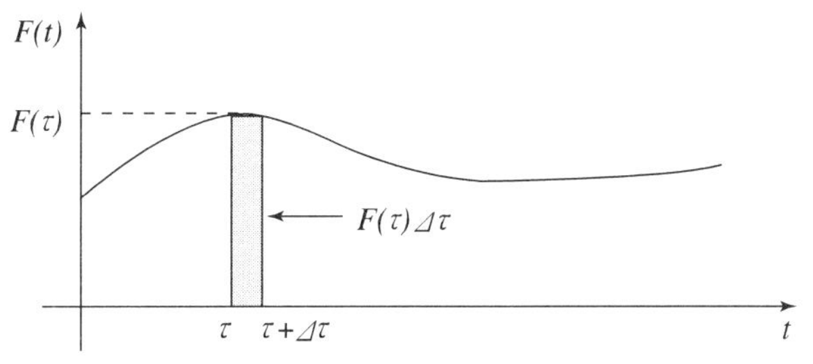

그림 4.5 일반 동적하중

시간 $t=\tau$에서 미소구간 $\Delta\tau$ 동안 작용하는 충격량은 $F(\tau)\Delta\tau$로 표현되며, 이 충격량에 의한 단자유도계의 응답은 $F(\tau)\Delta\tau \cdot h(t-\tau)$이다. 어느 시점 t의 응답 $x(t)$는 동적하중의 0에서 t구간까지의 영향이므로 이 구간의 충격량에 의한 응답을 중첩하면

$$x(t) = \sum F(\tau)h(t-\tau)\Delta\tau$$

이다. 그림으로 표현하면 다음과 같다.

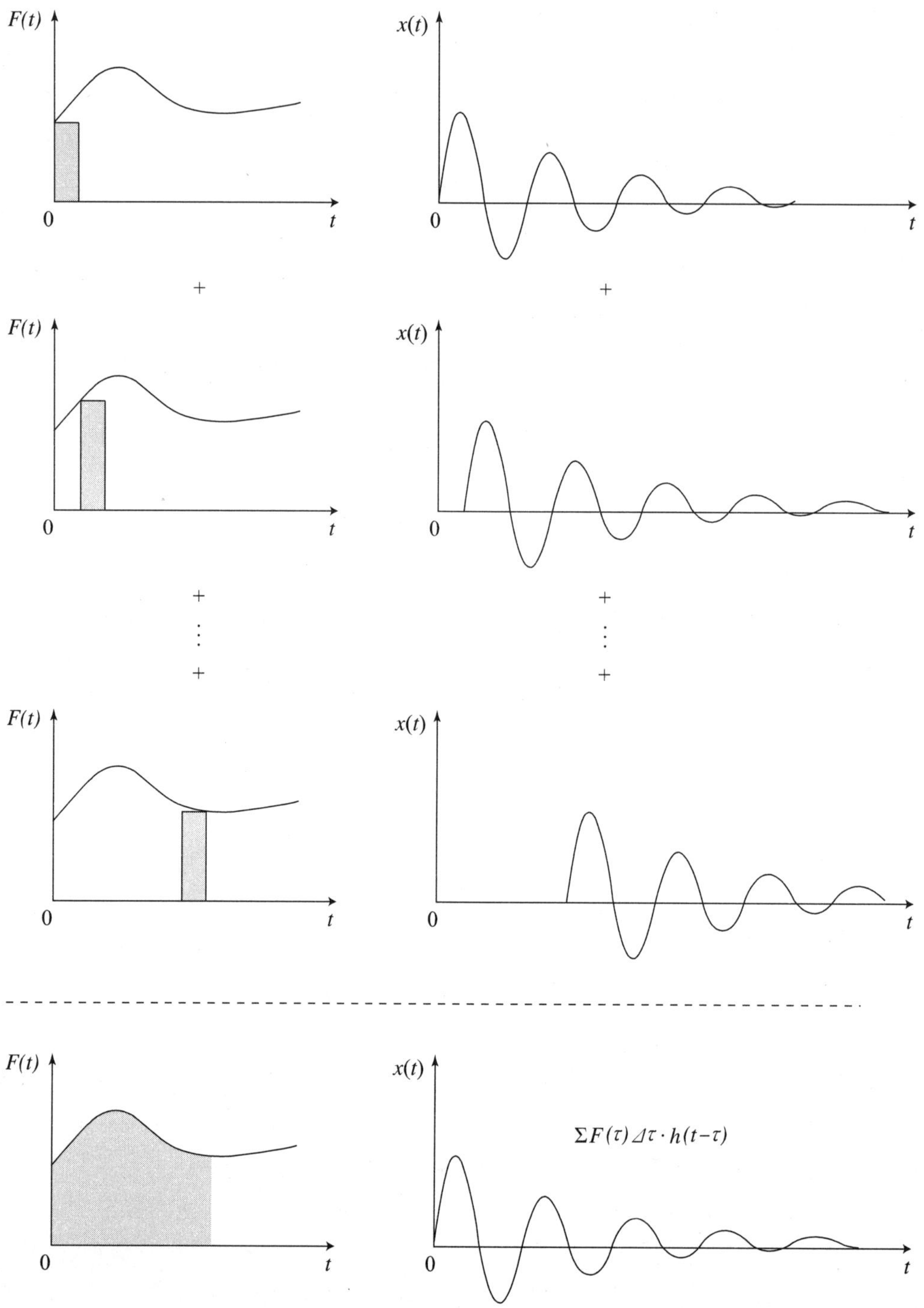

그림 4.6 충격량에 의한 응답의 중첩

$d\tau$을 0으로 수렴시키면

$$x(t) = \int_0^t F(\tau)\, h(t-\tau)\, d\tau$$

이 되고, 이 적분을 합성적분(Convolution Integral) 또는 Duhamel 적분이라 한다.

위의 식을 정리하면

$$x(t) = \frac{1}{m\omega_d}\int_0^t F(\tau) e^{-\xi\omega(t-\tau)} \sin\omega_d(t-\tau)\, d\tau$$

이다. 이 식은 초기 조건이 정지인 조건에서 구한 것이므로 초기 조건이 0이 아닌 조건의 경우에는 자유진동응답 항을 포함시켜야 한다(초기변위 x_0, 초기속도 v_0).

$$x(t) = e^{-\xi\omega t}\left[x_0\cos\omega_d t + \frac{v_0 + \xi\omega x_0}{\omega_d}\sin\omega_d t\right] + \frac{1}{m\omega_d}\int_0^t F(\tau) e^{-\xi\omega(t-\tau)} \sin\omega_d(t-\tau)\, d\tau$$

특별히, 비감쇠인 경우에는 $\xi = 0$, $\omega_d = \omega$이므로

$$x(t) = x_0\cos\omega t + \frac{v_0}{\omega}\sin\omega t + \frac{1}{m\omega}\int_0^t F(\tau)\sin\omega(t-\tau)\, d\tau$$

이다.

(1) 균등하중

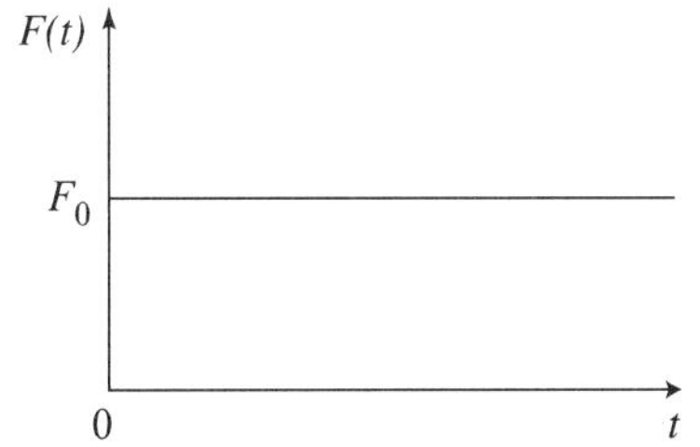

그림 4.7 균등하중

그림과 같은 $t=0$에서 갑자기 작용하여 계속되는 균등하중(F_0)에 대한 비감쇠 단자유도계의 응답은 간단한 적분을 통해 구할 수 있다.

초기조건 $x_0=v_0=0$인 경우의 비감쇠 응답은

$$x(t)=\frac{1}{m\omega}\int_0^t F_0 \sin\omega(t-\tau)d\tau$$

이고, 적분을 수행하면

$$x(t)=\frac{F_0}{m\omega^2}\left|\cos\omega(t-\tau)\right|_0^t=\frac{F_0}{k}(1-\cos\omega t)$$

의 결과를 얻을 수 있다. 그림으로 표현하면 다음과 같다.

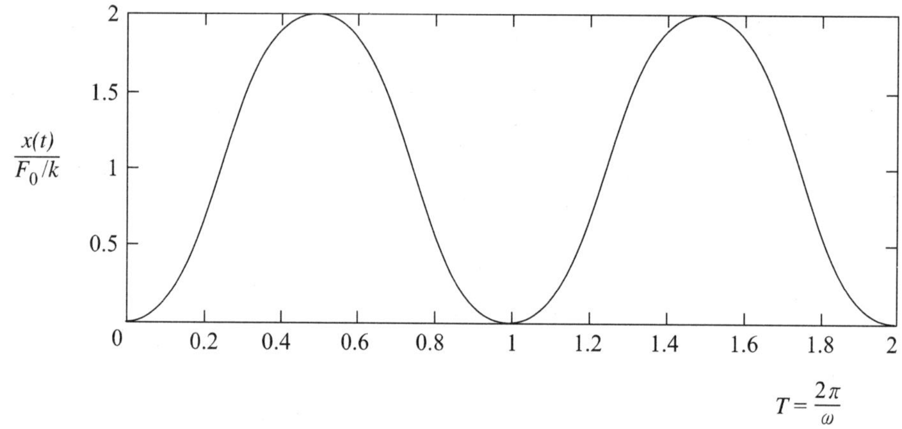

그림 4.8 균등하중에 의한 응답

정역학적으로 천천히 가해진 정적하중 F_0에 의한 정적변형 $x_{st}=\dfrac{F_0}{k}$에 비하여 최대값이 2배라는 사실을 주목해야 한다. $t=0$인 곳에서 갑자기 균등하중 F_0가 가해지면 천천히 가해진 정적하중과는 다르게 충격효과에 의해 구조물이 진동하게 되고 최대값도 커지는 것이다.

(2) 직사각형 하중

직사각형 모양으로 잠시 작용하는 하중에 대하여 비감쇠 단자유도계의 응답은 시간구간을 2개로 분리하여 생각하면 된다.

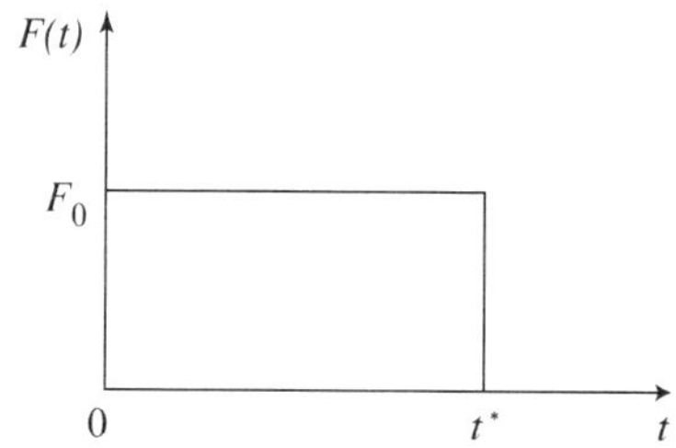

그림 4.9 직사각형 하중

① $0 \le t \le t^*$구간

이 구간의 응답은 앞서 구한 균일하중과 동일하다.

$$x(t) = \frac{F_0}{k}(1 - \cos\omega t)$$

$$\dot{x}(t) = \frac{F_0\omega}{k}\sin\omega t$$

② $t > t^*$구간

이 구간은 하중이 없는 자유진동구간이다. 즉, 초기조건에 의해 거동이 결정된다. 이 시점의 초기조건은 앞 구간의 마지막 순간(t^*)의 변위와 속도가 된다.

앞 구간의 마지막 순간($t = t^*$)의 변위와 속도는

$$x(t^*) = \frac{F_0}{k}(1 - \cos\omega t^*) \quad \rightarrow x_0$$

$$\dot{x}(t^*) = \frac{F_0\omega}{k}\sin\omega t^* \quad \rightarrow v_0$$

이다. 즉, 이 값들이 초기조건 x_0, v_0이 된다.

앞 장에서 구한 비감쇠계의 자유진동 해는

$$x(t) = x_0 \cos \omega t + \frac{v_0}{\omega} \sin \omega t$$

이다. 이 해를 시간축에서 t^*만큼 평행이동하면

$$x(t) = x_0 \cos \omega (t - t^*) + \frac{v_0}{\omega} \sin \omega (t - t^*)$$

이고, 이 식에 초기조건 x_0, v_0을 대입하면

$$x(t) = \frac{F_0}{k}\left[(1 - \cos \omega t^*) \cos \omega (t - t^*) + \sin w t^* \sin \omega (t - t^*)\right]$$

4.2 수치해석기법 - 직접적분법

일반하중을 받는 운동방정식의 해를 구하는 것은 해석적 방법으로는 한계가 있다. 따라서 좀 더 현실적인 기법이 필요하다. 직접적분법은 운동방정식의 해를 구하기 위해 수치해석기법을 사용하여 근사적으로 적분값을 구하는 방법이다. 여기서 '직접'이라는 용어는 적분하기 전에 운동방정식을 다른 형태로 변환하지 않고, 운동방정식을 그대로 사용하여 수치적분 한다는 의미이다. 직접적분법은 연속된 시간 함수의 정해를 구하는 것이 아니라, 시간 축을 $0, \Delta t, 2\Delta t, \cdots, n\Delta t, (n+1)\Delta t$처럼 샘플링(sampling)하여 각 시점마다 근사해를 구하는 방법이다. 직접적분법은 명시적 방법과 묵시적 방법으로 구분되는데, 명시적 방법은 현시점 $n\Delta t$에 평형방정식을 만족하는 조건을 사용하여 해를 구하고, 묵시적 방법은 $(n+1)\Delta t$ 시점에서 평형방정식 조건을 적용하여 해를 구한다. 묵시적 방법은 복잡한 계산이 필요하나 비교적 정확하고, Δt를 크게 해도 된다. 명시적 방법은 계산량이 적지만 Δt를 충분히 작게 해야 한다($\Delta t \leq \Delta t_{cr} = T/\pi$). 명시적 방법으로는 중앙차분법이 있으며, 묵시적 방법으로는 Houbolt 방법, 윌슨 방법, 뉴마크 방법 등이 있다.

(1) 중앙차분법(Central difference method)

$n\Delta t$ 시점의 속도 및 가속도를 $(n-1)\Delta t$, $n\Delta t$, $(n+1)\Delta t$ 시점의 변위로부터 추출한다.

$\dot{x}_{n\Delta t}$는 $(n-1)\Delta t$와 $n\Delta t$ 사이의 평균속력($\bar{v}_1$)과 $n\Delta t$와 $(n+1)\Delta t$ 사이의 평균속력($\bar{v}_2$)의 평균으로 가정한다.

$$\dot{x}_{n\Delta t} = \frac{\bar{v}_1 + \bar{v}_2}{2} = \frac{\dfrac{x_{n\Delta t} - x_{(n-1)\Delta t}}{\Delta t} + \dfrac{x_{(n+1)\Delta t} - x_{n\Delta t}}{\Delta t}}{2}$$

$$= \frac{x_{(n+1)\Delta t} - x_{(n-1)\Delta t}}{2\Delta t} \tag{4.1}$$

$\ddot{x}_{n\Delta t}$는 $\bar{v}_1$, $\bar{v}_2$를 사용하여 다음과 같이 구한다.

$$\ddot{x}_{n\Delta t} = \frac{\Delta v}{\Delta t} = \frac{\bar{v}_2 - \bar{v}_1}{\Delta t} = \frac{\dfrac{x_{(n+1)\Delta t} - x_{n\Delta t}}{\Delta t} - \dfrac{x_{n\Delta t} - x_{(n-1)\Delta t}}{\Delta t}}{\Delta t}$$

$$= \frac{x_{(n+1)\Delta t} - 2x_{n\Delta t} + x_{(n-1)\Delta t}}{(\Delta t)^2} \tag{4.2}$$

기호의 간략화를 위해 괄호를 생략하고, 매개변수를 아래첨자로 표기한다. 예를 들어, $x(n\Delta t)$를 $x_{n\Delta t}$로 표기하였다.

위의 두 항을 현시점($n\Delta t$ 시점)의 운동방정식

$$m\ddot{x}_{n\Delta t} + c\dot{x}_{n\Delta t} + kx_{n\Delta t} = f_{n\Delta t}$$

에 대입하여, 다음 시점의 변위 $x_{(n+1)\Delta t}$에 대하여 정리한다.

$$\left(\frac{1}{(\Delta t)^2}m + \frac{1}{2\Delta t}c\right)x_{(n+1)\Delta t}$$

$$= f_{n\Delta t} - \left(k - \frac{2}{(\Delta t)^2}m\right)x_{n\Delta t} - \left(\frac{1}{(\Delta t)^2}m - \frac{1}{2\Delta t}c\right)x_{(n-1)\Delta t}$$

여기서, $a_0 = \dfrac{1}{(\Delta t)^2}$, $a_1 = \dfrac{1}{2\Delta t}$, $a_2 = 2a_0 = \dfrac{2}{(\Delta t)^2}$, $a_3 = \dfrac{1}{a_2} = \dfrac{(\Delta t)^2}{2}$ 로 놓으면

$$(a_0 m + a_1 c)\, x_{(n+1)\Delta t} = f_{n\Delta t} - (k - a_2)\, x_{n\Delta t} - (a_0 m - a_1 c)\, x_{(n-1)\Delta t}$$

이 된다. 또한

$$\hat{k} = a_0 m + a_1 c \ \text{: 유효강성도}$$

$$\hat{f}_{n\Delta t} = f_{n\Delta t} - (k - a_2)\, x_{n\Delta t} - (a_0 m - a_1 c)\, x_{(n-1)\Delta t} \ \text{: 유효하중}$$

이라고 하면

$$\hat{k}\, x_{(n+1)\Delta t} = \hat{f}_{n\Delta t}$$

와 같이 간단한 형태가 된다.

중앙차분법에서의 샘플링 간격은 이론상 $\Delta t \le T/\pi$이지만, 가능하면 $\Delta t \le T/10$ 정도로 정한다. 중앙차분법을 적용하려면 초기조건(x_0, $\dot{x}_0$, $\ddot{x}_0$)이 필요하다. 또한 식(4.1)과 식(4.2)를 사용하면 $n = -1$일 때의 변위 $x_{-\Delta t}$를 다음과 같이 구할 수 있다.

$$x_{-\Delta t} = x_0 - \Delta t\, \dot{x}_0 + \frac{(\Delta t)^2}{2}\, \ddot{x}_0$$

참고 중앙차분법의 절차

I. 준비 계산(처음에만 계산)

1. 구조특성치(m, c, k)를 준비한다.
2. Δt를 $\Delta t \le T/10$ 범위에서 정한다.
3. 하중 $F(t)$을 샘플링한다.
4. 초기조건(x_0, $\dot{x}_0$, $\ddot{x}_0$)을 준비하고 $n = -1$ 시점의 변위($x_{-\Delta t}$)를 계산한다.

$$x_{-\Delta t} = x_0 - \Delta t\, \dot{x}_0 + \frac{(\Delta t)^2}{2}\, \ddot{x}_0$$

5. 계수를 계산한다.

$$a_0 = \frac{1}{(\Delta t)^2},\ a_1 = \frac{1}{2\Delta t},\ a_2 = 2a_0 = \frac{2}{(\Delta t)^2},\ a_3 = \frac{1}{a_2} = \frac{(\Delta t)^2}{2}$$

6. 유효강성도를 계산한다.

$$\hat{k} = a_0 m + a_1 c$$

II. 시점별 계산($n=0, 1, 2, \cdots$ 차례로 계산)

1. 처음에 n에 0을 할당한다($n=0$).
2. $n\Delta t$ 시점의 유효하중을 계산한다.

   $\hat{f}_{n\Delta t}=f_{n\Delta t}-(k-a_2 m)x_{n\Delta t}-(a_0 m-a_1 c)x_{(n-1)\Delta t}$
3. $(n+1)\Delta t$ 시점의 변위[$x_{(n+1)\Delta t}$]를 계산한다.

   $x_{(n+1)\Delta t}=\dfrac{1}{\hat{k}}\hat{f}_{n\Delta t}$
4. $n\Delta t$ 시점의 가속도($\ddot{x}_{n\Delta t}$)를 계산한다.

   $\ddot{x}_{n\Delta t}=a_0\left(x_{(n+1)\Delta t}-2x_{n\Delta t}+x_{(n-1)\Delta t}\right)$
5. $n\Delta t$ 시점의 속도($\dot{x}_{n\Delta t}$)를 계산한다.

   $\dot{x}_{n\Delta t}=a_1\left(x_{(n+1)\Delta t}-x_{(n-1)\Delta t}\right)$
6. $n=n+1$을 할당하여 필요한 시점까지 2~5를 반복한다.

예제 1 다음과 같은 단자유도계의 구조특성치와 하중이 주어졌을 때 변위속도 가속도 응답을 중앙차분법으로 구하시오.

- 구조특성치 : $m=$ 2kg, $c=$ 0.08 N · sec/m, $k=$ 4N/m
- 초기조건 : x_0, $\dot{x}_0$, $\ddot{x}_0$은 모두 0
- 동적하중 : $f(t)$

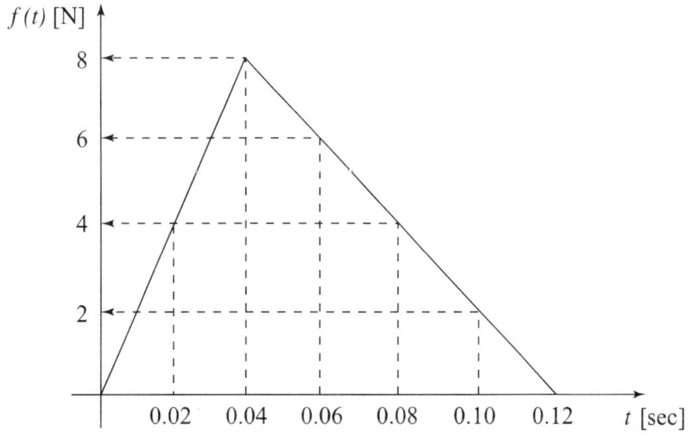

해설

I. 준비 계산

1. 구조특성치

$m = 2\text{kg},\ c = 0.08\ \text{N}\cdot\text{sec/m},\ k = 4\text{N/m}$

2. 고유주기

$$T_n = 2\pi\sqrt{\frac{m}{k}} = 2\pi\sqrt{\frac{2}{4}} = 4.443\,\text{sec}$$

$\dfrac{T}{10} = 0.4443\,\text{sec}$보다 작으며, 하중 모양을 최대한 묘사할 수 있도록

$\Delta t = 0.02\,\text{sec}$로 정함.

3. 하중 샘플링

$\Rightarrow f(t) = [0\ \ 4\ \ 8\ \ 6\ \ 4\ \ 2\ \ 0\ \ \cdots\ \ 0]$

4. 모든 초기조건$(x_0,\ \dot{x}_0,\ \ddot{x}_0) = 0$

$n = -1$일 때의 변위는 초기조건을 이용하여 다음과 같이 구할 수 있다.

$$x_{-\Delta t} = x_0 - \Delta t\dot{x}_0 + \frac{(\Delta t)^2}{2}\ddot{x}_0$$

$$= 0 - 0.02\times 0 + \frac{(0.02)^2}{2}\times 0 = 0$$

5. 계수를 계산한다.

$$a_0 = \frac{1}{(\Delta t)^2} = \frac{1}{(0.02)^2} = 2500$$

$$a_1 = \frac{1}{2\Delta t} = \frac{1}{2\times 0.02} = 25$$

$$a_2 = 2a_0 = 2(2500) = 5000$$

$$a_3 = \frac{1}{a_2} = \frac{1}{5000} = 2.0\times 10^{-4}$$

6. 유효강성도를 계산한다.

$$\hat{k} = a_0 m + a_1 c = 2500(2) + 25(0.08) = 5002$$

II. 시점별 계산(n=0, 1, 2, 3, … 차례로 반복계산)

▶ $n = 0$일 때

1. 유효하중

$$\hat{f}_{n\Delta t} = f_{n\Delta t} - (k - a_2 m)\,x_{n\Delta t} - (a_0 m - a_1 c)\,x_{(n-1)\Delta t}$$

$$\Rightarrow \hat{f}_0 = f_0 - (k - a_2 m)\,x_0 - (a_0 m - a_1 c)\,x_{-\Delta t}$$

$$= 0 - (4 - 5000\cdot 2)0 - (2500\cdot 2 - 25\cdot 0.08)0 = 0$$

2. $x_{(n+1)\Delta t} = \dfrac{1}{\hat{k}} \hat{f}_{n\Delta t}$

$\Rightarrow x_{\Delta t} = \dfrac{1}{\hat{k}} \hat{f}_0 = \dfrac{0}{5002} = 0$

3. $\ddot{x}_{n\Delta t} = a_0 [x_{(n+1)\Delta t} - 2x_{n\Delta t} + x_{(n-1)\Delta t}]$

$\Rightarrow \ddot{x}_0 = a_0 (x_{1\Delta t} - 2x_0 + x_{-1\Delta t})$

$= 2500(0 - 2 \cdot 0 + 0) = 0$

4. $\dot{x}_{n\Delta t} = a_1 [x_{(n+1)\Delta t} - x_{(n-1)\Delta t}]$

$\Rightarrow \dot{x}_0 = a_1 (x_{\Delta t} - x_{-\Delta t})$

$= 25(0 - 0) = 0$

➡ $n=1$일 때

1. 유효하중

$\hat{f}_{n\Delta t} = f_{n\Delta t} - (k - a_2 m) x_{n\Delta t} - (a_0 m - a_1 c) x_{(n-1)\Delta t}$

$\Rightarrow \hat{f}_{\Delta t} = f_{\Delta t} - (k - a_2 m) x_{\Delta t} - (a_0 m - a_1 c) x_0$

$= 4 - (4 - 5000 \cdot 2) 0 - (2500 \cdot 2 - 25 \cdot 0.08) 0 = 4$

2. $x_{(n+1)\Delta t} = \dfrac{1}{\hat{k}} \hat{f}_{n\Delta t}$

$\Rightarrow x_{2\Delta t} = \dfrac{1}{\hat{k}} \hat{f}_{\Delta t} = \dfrac{4}{5002} = 0.800 \times 10^{-3}$

3. $\ddot{x}_{n\Delta t} = a_0 [x_{(n+1)\Delta t} - 2x_{n\Delta t} + x_{(n-1)\Delta t}]$

$\Rightarrow \ddot{x}_{\Delta t} = a_0 (x_{2\Delta t} - 2x_{\Delta t} + x_0)$

$= 2500(0.8 \times 10^{-3} - 2 \cdot 0 + 0) = 1.9992$

4. $\dot{x}_{n\Delta t} = a_1 [x_{(n+1)\Delta t} - x_{(n-1)\Delta t}]$

$\Rightarrow \dot{x}_{\Delta t} = a_1 (x_{2\Delta t} - x_0)$

$= 25(0.8 \times 10^{-3} - 0) = 0.02$

➡ n을 1씩 증가시키면서 계산하면 다음 표와 같다.

	Δt	$2\Delta t$	$3\Delta t$	$4\Delta t$	$5\Delta t$	$6\Delta t$	$7\Delta t$	$8\Delta t$
x	0	0.0008	0.0032	0.0068	0.0112	0.0159	0.0207	0.0254
$\ddot{x}$	1.9992	3.9952	2.9876	1.9784	0.9685	−0.0414	−0.0509	−0.0603
$\dot{x}$	0.0200	0.0799	0.1498	0.1994	0.2289	0.2382	0.2372	0.2361

$n = 200$까지의 결과를 그래프로 그리면 다음과 같다.

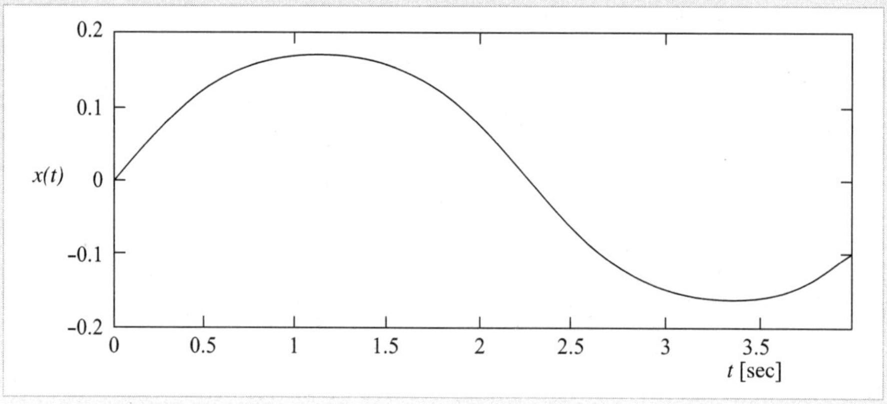

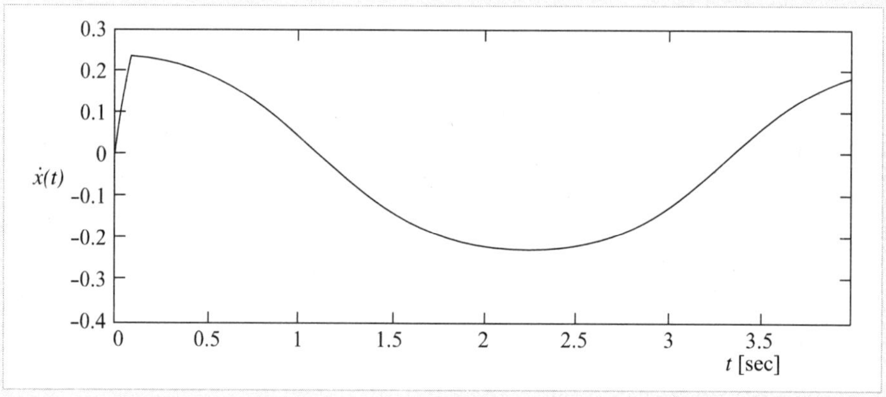

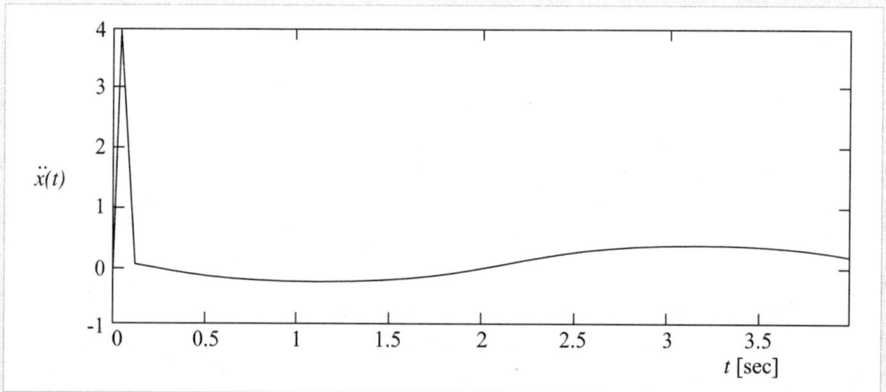

(2) 호볼트 방법(Houbolt Method)

4개 시점의 변위 $x_{(n-2)\Delta t}$, $x_{(n-1)\Delta t}$, $x_{n\Delta t}$, $x_{(n+1)\Delta t}$를 사용하여 $(n+1)\Delta t$ 시점의 속도와 가속도를 아래와 같이 가정한다.

$$\dot{x}_{(n+1)\Delta t} = \frac{1}{6\Delta t}\{-2x_{(n-2)\Delta t} + 9x_{(n-1)\Delta t} - 18x_{n\Delta t} + 11x_{(n+1)\Delta t}\}$$

$$\ddot{x}_{(n+1)\Delta t} = \frac{1}{(\Delta t)^2}\{-x_{(n-2)\Delta t} + 4x_{(n-1)\Delta t} - 5x_{n\Delta t} + 2x_{(n+1)\Delta t}\}$$

위의 두 항을 $(n+1)\Delta t$ 시점의 운동방정식

$$m\ddot{x}_{(n+1)\Delta t} + c\dot{x}_{(n+1)\Delta t} + kx_{(n+1)\Delta t} = f_{(n+1)\Delta t}$$

에 대입하여 변위 $x_{(n+1)\Delta t}$에 대하여 정리한다.

$$\left\{\frac{2}{(\Delta t)^2}m + \frac{11}{6\Delta t}c + k\right\}x_{(n+1)\Delta t}$$
$$= f_{n\Delta t} + \left\{\frac{5}{(\Delta t)^2}m + \frac{3}{\Delta t}c\right\}x_{n\Delta t} - \left\{\frac{4}{(\Delta t)^2}m + \frac{3}{2\Delta t}c\right\}x_{(n-1)\Delta t}$$
$$+ \left\{\frac{1}{(\Delta t)^2}m + \frac{1}{3\Delta t}c\right\}x_{(n-2)\Delta t}$$

중앙차분법은 세 시점의 변위와 $n\Delta t$ 시점의 운동방정식을 사용하지만, Houbolt 방법은 네 시점의 변위와 $(n+1)\Delta t$ 시점의 운동방정식을 사용하는 것이 다르다.

참고 호볼트 방법의 절차

I. 준비 계산

1. 구조특성치(m, c, k)를 준비한다.
2. Δt를 정한다($\Delta t \le T/\pi$).
3. 하중을 샘플링한다.
4. 초기조건(x_0, $\dot{x}_0$, $\ddot{x}_0$)을 준비한다.
5. 계수를 계산한다.

$$a_0 = \frac{2}{(\Delta t)^2} \qquad a_1 = \frac{11}{6\Delta t} \qquad a_2 = \frac{5}{(\Delta t)^2} \qquad a_3 = \frac{3}{\Delta t}$$

$$a_4 = -2a_0 \qquad a_5 = \frac{-a_3}{2} \qquad a_6 = \frac{a_0}{2} \qquad a_7 = \frac{a_3}{9}$$

6. $x_{-\Delta t}$와 $x_{-2\Delta t}$를 계산한다. 중앙차분법으로 계산할 수 있다.
7. 유효강성도를 계산한다.

   $\hat{k} = k + a_0 m + a_1 c$

II. 시점별 계산

1. 처음에 n에 0을 할당한다.
2. $(n+1)\Delta t$ 시점의 유효하중을 계산한다.

$$\hat{f}_{(n+1)\Delta t} = f_{(n+1)\Delta t} + m[a_2 x_{n\Delta t} + a_4 x_{(n-1)\Delta t} + a_6 x_{(n-2)\Delta t}]$$
$$+ c[a_3 x_{n\Delta t} + a_5 x_{(n-1)\Delta t} + a_7 x_{(n-2)\Delta t}]$$

3. $(n+1)\Delta t$ 시점의 변위[$x_{(n+1)\Delta t}$]를 계산한다.

$$x_{(n+1)\Delta t} = \frac{1}{\hat{k}} \hat{f}_{(n+1)\Delta t}$$

4. $(n+1)\Delta t$ 시점의 가속도와 속도를 계산한다.

$$\ddot{x}_{(n+1)\Delta t} = a_0 x_{(n+1)\Delta t} - a_2 x_{n\Delta t} - a_4 x_{(n-1)\Delta t} - a_6 x_{(n-2)\Delta t}$$

$$\dot{x}_{(n+1)\Delta t} = a_1 x_{(n+1)\Delta t} - a_3 x_{n\Delta t} - a_5 x_{(n-1)\Delta t} - a_7 x_{(n-2)\Delta t}$$

5. n을 증가시켜 필요한 시점까지 2~4를 반복한다.

예제 2 예제 1을 호볼트 방법으로 구하시오.

해설

I. 준비 계산

1. 구조특성치

   $m = 2\text{kg}, \ c = 0.08\ \text{N}\cdot\text{sec/m}, \ k = 4\text{N/m}$

2. Δt의 결정

   $T/10 = 0.4443\text{sec}$보다 작은 $\Delta t = 0.02\text{sec}$로 정함.

3. 하중 샘플링

   $\Rightarrow f(t) = [0\ 4\ 8\ 6\ 4\ 2\ 0\ 0\ 0 \cdots 0]$

4. 모든 초기조건(x_0, $\dot{x}_0$, $\ddot{x}_0$)은 0으로 문제에 주어짐.

5. 계수 계산

$a_0 = 5000$ $a_1 = 91.6667$ $a_2 = 12500$ $a_3 = 150$

$a_4 = -10000$ $a_5 = -75$ $a_6 = 2500$ $a_7 = 16.6667$

6. $x_{-\Delta t}$와 $x_{-2\Delta t}$를 계산한다. 중앙차분법으로 계산할 수 있다.

$n = -1$일 때의 변위

$$x_{-\Delta t} = x_0 - \Delta t\,\dot{x}_0 + \frac{(\Delta t)^2}{2}\ddot{x}_0$$

$$= 0 - 0.02 \times 0 + \frac{(0.02)^2}{2} \times 0 = 0$$

$n = -2$일 때의 변위

$$x_{-2\Delta t} = x_{-\Delta t} - \Delta t\,\dot{x}_{-\Delta t} + \frac{(\Delta t)^2}{2}\ddot{x}_{-\Delta t}$$

$$= 0 - 0.02 \times 0 + \frac{(0.02)^2}{2} \times 0 = 0$$

7. 유효강성도

$$\hat{k} = k + a_0 m + a_1 c = 4 + 5000(2) + 91.6667(0.08) = 1.0011 \times 10^4$$

II. 시점별 계산

➡ $n = 0$일 때

1. 유효하중

$$\hat{f}_{(0+1)\Delta t} = f_{(0+1)\Delta t} + m[a_2 x_{0\Delta t} + a_4 x_{(0-1)\Delta t} + a_6 x_{(0-2)\Delta t}] + c[a_3 x_{0\Delta t} + a_5 x_{(0-1)\Delta t} + a_7 x_{(0-2)\Delta t}]$$

$$\Rightarrow \hat{f}_{(0+1)\Delta t} = 4 + 4(a_2 \cdot 0 + a_4 \cdot 0 + a_6 \cdot 0) + 0.08(a_3 \cdot 0 + a_5 \cdot 0 + a_7 \cdot 0) = 4$$

2. 변위

$$x_{(n+1)\Delta t} = \frac{1}{\hat{k}}\hat{f}_{(n+1)\Delta t}$$

$$\Rightarrow x_{(0+1)\Delta t} = \frac{1}{\hat{k}}\hat{f}_{(0+1)\Delta t} = \frac{4}{1.0011 \times 10^4} = 3.9955 \times 10^{-4}$$

3. $(n+1)\Delta t$ 시점의 가속도와 속도

$$\ddot{x}_{(0+1)\Delta t} = a_0 x_{(0+1)\Delta t} - a_2 x_{0\Delta t} - a_4 x_{(0-1)\Delta t} - a_6 x_{(0-2)\Delta t}$$

$$= 5000 \cdot 3.9955 \times 10^{-4} - a_2 \cdot 0 - a_4 \cdot 0 - a_6 \cdot 0 = 1.9977$$

$$\dot{x}_{(0+1)\Delta t} = a_1 x_{(0+1)\Delta t} - a_3 x_{0\Delta t} - a_5 x_{(0-1)\Delta t} - a_7 x_{(0-2)\Delta t}$$

$$= 91.6667 \cdot 3.9955 \times 10^{-4} - a_3 \cdot 0 - a_5 \cdot 0 - a_7 . 0 = 0.0366$$

■ $n=1$일 때

1. 유효하중

$$\hat{f}_{2\Delta t}=f_{2\Delta t}+m(a_2x_{\Delta t}+a_4x_0+a_6x_{(-\Delta t)})+c(a_3x_{\Delta t}+a_5x_0+a_7x_{-\Delta t})$$
$$=8+4(12500\cdot 0+a_4\cdot 0+a_6\cdot 0)+0.08(-150\cdot 0+a_5\cdot 0+a_7\cdot 0)$$
$$=17.9935$$

2. 변위

$$x_{2\Delta t}=\frac{1}{\hat{k}}\hat{f}_{2\Delta t}=\frac{17.9935}{1.0011\times 10^4}=1.7973\times 10^{-3}$$

3. 가속도와 속도

$$\ddot{x}_{2\Delta t}=a_0x_{2\Delta t}-a_2x_{\Delta t}-a_4x_0-a_6x_{-\Delta t}$$
$$=5000\cdot 1.7973\times 10^{-3}-a_2\cdot 0.39955-a_4\cdot 0-a_6\cdot 0$$
$$=3.9922$$

$$\dot{x}_{2\Delta t}=a_1x_{2\Delta t}-a_3x_{1\Delta t}-a_5x_0-a_7x_{-\Delta t}$$
$$=91.6667\cdot 1.7973\times 10^{-3}-a_3\cdot 0.39955-a_5\cdot 0-a_7\cdot 0$$
$$=0.1048$$

$n=8$까지의 결과를 표로 나타내었다.

	Δt	$2\Delta t$	$3\Delta t$	$4\Delta t$	$5\Delta t$	$6\Delta t$	$7\Delta t$	$8\Delta t$
x	0	0.0004	0.0018	0.0043	0.0077	0.0118	0.0163	0.0208
$\ddot{x}$	1.9977	3.9922	2.9853	1.9768	0.9677	−0.0415	−0.0509	−0.0603
$\dot{x}$	0.0366	0.1048	0.1537	0.1929	0.2171	0.2238	0.2299	0.2323

$n=200$까지의 결과를 그래프로 그리면 다음과 같다.

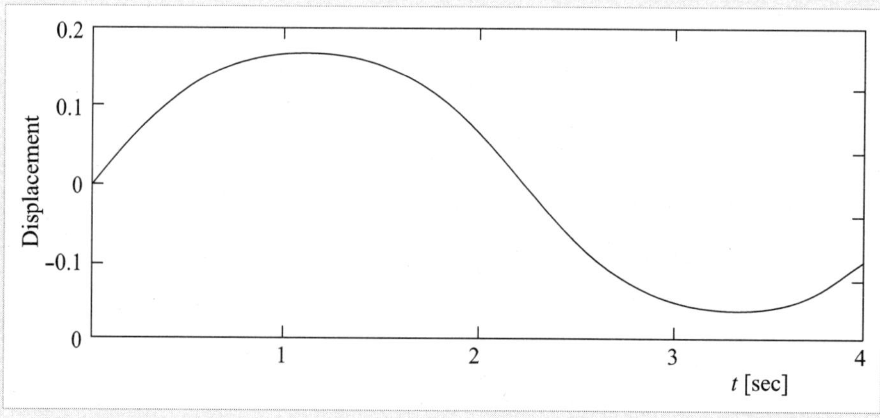

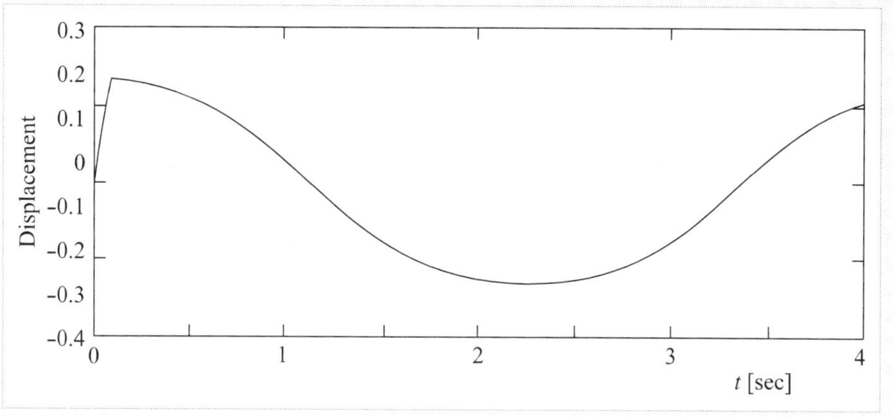

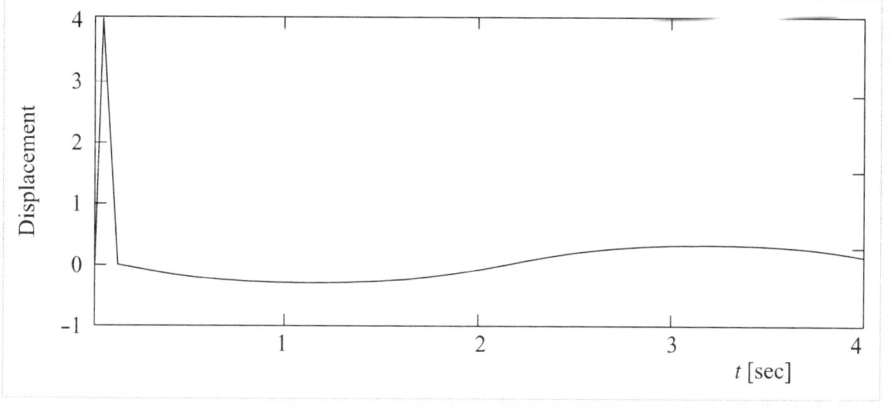

(3) 윌슨 방법(Wilson Method)

윌슨 방법은 윌슨 θ 방법이라고도 하며, 가속도가 미소구간에서 선형이라는 가정에서 출발한다. 즉, $n\Delta t$ 시점의 응답이 주어진 상태에서, $(n+1)\Delta t$ 시점의 응답을 구하는 과정에서 $n\Delta t$와 $(n+\theta)\Delta t$ 사이의 구간에서 가속도가 선형이라고 가정한다. θ는 1보다 크며 그림으로 표현하면 다음과 같다.

그림과 같이 $n\Delta t \sim (n+1)\Delta t$ 구간을 지나서 $\theta > 1$인 $n\Delta t \sim (n+\theta)\Delta t$ 구간까지 선형이라고 가정한다. 유도과정에서 사용할 목적으로 변수 τ를 도입하여 $n\Delta t \sim (n+\theta)\Delta t$ 사이의 임의의 시점을 $n\Delta t + \tau$로 표현한다. 여기서, $0 \le \tau \le \theta\Delta t$이다.

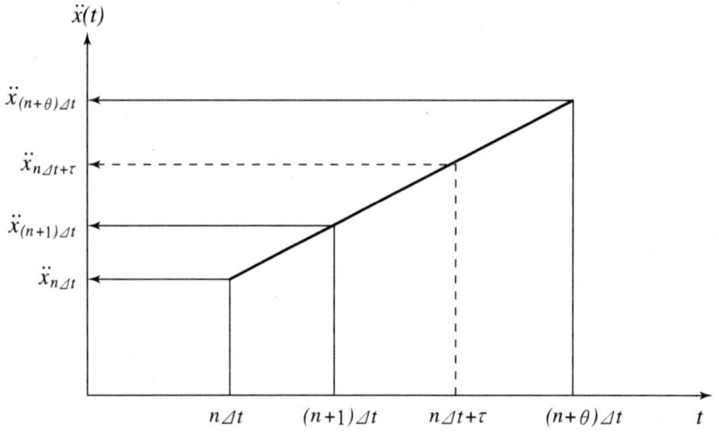

그림 4.10 가속도 선형 가정

위의 그림으로부터 $n\Delta t+\tau$ 시점의 가속도는

$$\ddot{x}_{n\Delta t+\tau}=\ddot{x}_{n\Delta t}+\frac{\ddot{x}_{(n+\theta)\Delta t}-\ddot{x}_{n\Delta t}}{\theta\Delta t}\tau \tag{4.3}$$

이다. 이 식을 τ에 관하여 적분하여 구한 속도는 다음과 같다.

$$\dot{x}_{n\Delta t+\tau}=\dot{x}_{n\Delta t}+\ddot{x}_{n\Delta t}\,\tau+\frac{\ddot{x}_{(n+\theta)\Delta t}-\ddot{x}_{n\Delta t}}{\theta\Delta t}\,\frac{\tau^2}{2} \tag{4.4}$$

여기서, $\dot{x}_{n\Delta t}$는 적분과정에서 구한 적분상수이다. 다시 한 번 τ에 관하여 적분하여 구한 변위는 다음과 같다.

$$x_{n\Delta t+\tau}=x_{n\Delta t}+\dot{x}_{n\Delta t}\,\tau+\ddot{x}_{n\Delta t}\,\frac{\tau^2}{2}+\frac{\ddot{x}_{(n+\theta)\Delta t}-\ddot{x}_{n\Delta t}}{\theta\Delta t}\,\frac{\tau^3}{6} \tag{4.5}$$

위의 속도와 변위에 $\tau=\theta\Delta t$를 대입하면 $(n+\theta)\Delta t$ 시점의 속도와 변위를 구할 수 있다.

속도 : $$\dot{x}_{n\Delta t+\theta\Delta t}=\dot{x}_{n\Delta t}+\ddot{x}_{n\Delta t}\,(\theta\Delta t)+\frac{\ddot{x}_{(n+\theta)\Delta t}-\ddot{x}_{n\Delta t}}{\theta\Delta t}\,\frac{(\theta\Delta t)^2}{2}$$

$$\Leftrightarrow\ \dot{x}_{(n+\theta)\Delta t}=\dot{x}_{n\Delta t}+\frac{\ddot{x}_{(n+\theta)\Delta t}+\ddot{x}_{n\Delta t}}{2}\,(\theta\Delta t) \tag{4.6}$$

$$\text{변위 : } x_{n\Delta t+\theta\Delta t} = x_{n\Delta t} + \dot{x}_{n\Delta t}(\theta\Delta t) + \ddot{x}_{n\Delta t}\frac{(\theta\Delta t)^2}{2} + \frac{\ddot{x}_{(n+\theta)\Delta t} - \ddot{x}_{n\Delta t}}{\theta\Delta t}\frac{(\theta\Delta t)^3}{6}$$

$$\Leftrightarrow\ x_{(n+\theta)\Delta t} = x_{n\Delta t} + \dot{x}_{n\Delta t}(\theta\Delta t) + \frac{\ddot{x}_{(n+\theta)\Delta t} + 2\ddot{x}_{n\Delta t}}{6}(\theta\Delta t)^2 \tag{4.7}$$

식(4.7)을 $\ddot{x}_{(n+\theta)\Delta t}$에 대하여 정리하면

$$\ddot{x}_{(n+\theta)\Delta t} = \frac{6}{(\theta\Delta t)^2}(x_{(n+\theta)\Delta t} - x_{n\Delta t}) - \frac{6}{\theta\Delta t}\dot{x}_{n\Delta t} - 2\ddot{x}_{n\Delta t} \tag{4.8}$$

식(4.6)과 식(4.7)에서 $\ddot{x}_{(n+\theta)\Delta t}$ 항을 소거하고, $\dot{x}_{(n+\theta)\Delta t}$ 항에 대하여 정리하면,

$$\dot{x}_{(n+\theta)\Delta t} = \frac{3}{\theta\Delta t}(x_{(n+\theta)\Delta t} - x_{n\Delta t}) - 2\dot{x}_{n\Delta t} - \frac{\theta\Delta t}{2}(\ddot{x}_{n\Delta t}) \tag{4.9}$$

식(4.8)과 식(4.9)는 $(n+\theta)\Delta t$ 시점의 가속도와 속도 $n\Delta t$ 시점의 변위, 속도, 가속도와 $(n+\theta)\Delta t$ 시점의 변위로 표현한 것이다.

이 두 식을 $(n+\theta)\Delta t$ 시점의 운동방정식

$$m\ddot{x}_{(n+\theta)\Delta t} + c\dot{x}_{(n+\theta)\Delta t} + kx_{(n+\theta)\Delta t} = f_{(n+\theta)\Delta t}$$

에 대입하고 $x_{(n+\theta)\Delta t}$로 정리하면

$$\left(\frac{6}{(\theta\Delta t)^2}m + \frac{3}{\theta\Delta t}c + k\right)x_{(n+\theta)\Delta t} = f_{(n+\theta)\Delta t}\ m\left(\frac{6}{(\theta\Delta t)^2}x_{n\Delta t} + \frac{6}{\theta\Delta t}\dot{x}_{n\Delta t} + 2\ddot{x}_{n\Delta t}\right) + c\left(\frac{3}{(\theta\Delta t)}x_{n\Delta t} + 2\dot{x}_{n\Delta t} + \frac{\theta\Delta t}{2}\ddot{x}_{n\Delta t}\right)$$

이다. 변수별로 정리하면 다음과 같다.

$$\left(\frac{6}{(\theta\Delta t)^2}m + \frac{3}{\theta\Delta t}c + k\right)x_{(n+\theta)\Delta t}$$

$$= f_{(n+\theta)\Delta t} + x_{n\Delta t}\left(\frac{6}{(\theta\Delta t)^2}m + \frac{3}{(\theta\Delta t)}c\right) \tag{4.10}$$

$$+ \dot{x}_{n\Delta t}\left(\frac{6}{\theta\Delta t}m + 2c\right) + \ddot{x}_{n\Delta t}\left(2m + \frac{\theta\Delta t}{2}c\right)$$

여기서, 하중은 선형보간하여 구한다.

$$f_{(n+\theta)\Delta t} = f_{n\Delta t} + \theta\left(f_{(n+1)\Delta t} - f_{n\Delta t}\right)$$

즉 $n\Delta t$ 시점의 변위, 속도, 가속도가 주어지면 $x_{(n+\theta)\Delta t}$을 구할 수 있다는 의미이다. 여기서, $\theta \geq 1.37$을 만족해야 발산하지 않는다. θ의 이론적 최적값은 1.42 정도이지만 보통 1.4를 사용한다.

식(4.3)에 $\tau = \Delta t$를 대입하면

$$\ddot{x}_{n\Delta t+\tau} = \ddot{x}_{n\Delta t} + \frac{\ddot{x}_{(n+\theta)\Delta t} - \ddot{x}_{n\Delta t}}{\theta\Delta t}\tau$$

$$\Rightarrow \ddot{x}_{n\Delta t+\Delta t} = \ddot{x}_{n\Delta t} + \frac{\ddot{x}_{(n+\theta)\Delta t} - \ddot{x}_{n\Delta t}}{\theta\Delta t}\Delta t$$

$$\therefore \ddot{x}_{(n+1)\Delta t} = \ddot{x}_{n\Delta t} + \frac{\ddot{x}_{(n+\theta)\Delta t} - \ddot{x}_{n\Delta t}}{\theta} \tag{4.11}$$

이 되어 $\ddot{x}_{(n+1)\Delta t}$을 구할 수 있다.

식(4.6)에서 $\theta = 1$을 대입하면

$$\dot{x}_{(n+\theta)\Delta t} = \dot{x}_{n\Delta t} + \frac{\ddot{x}_{(n+\theta)\Delta t} + \ddot{x}_{n\Delta t}}{2}(\theta\Delta t)$$

$$\Rightarrow \dot{x}_{(n+1)\Delta t} = \dot{x}_{n\Delta t} + \frac{\ddot{x}_{(n+1)\Delta t} + \ddot{x}_{n\Delta t}}{2}(\Delta t) \tag{4.12}$$

이므로 $\dot{x}_{(n+1)\Delta t}$을 구할 수 있다.

식(4.7)에서 $\theta = 1$을 대입하면

$$x_{(n+\theta)\Delta t} = x_{n\Delta t} + \dot{x}_{n\Delta t}(\theta\Delta t) + \frac{\ddot{x}_{(n+\theta)\Delta t} + 2\ddot{x}_{n\Delta t}}{6}(\theta\Delta t)^2$$

$$\Rightarrow x_{(n+1)\Delta t} = x_{n\Delta t} + \dot{x}_{n\Delta t}(\Delta t) + \frac{\ddot{x}_{(n+1)\Delta t} + 2\ddot{x}_{n\Delta t}}{6}(\Delta t)^2 \tag{4.13}$$

이므로 $x_{(n+1)\Delta t}$을 구할 수 있다.

참고 윌슨 방법의 절차

I. 준비 계산

1. 구조 특성치(m, c, k) 준비
2. Δt와 θ 결정(보통 $\theta = 1.4$를 사용)
3. 하중 샘플링
4. 초기조건(x_0, $\dot{x}_0$, $\ddot{x}_0$) 준비
5. 계수 계산

$$a_0 = \frac{6}{(\theta\Delta t)^2} \qquad a_1 = \frac{3}{(\theta\Delta t)} \qquad a_2 = 2a_1 \qquad a_3 = \frac{\theta\Delta t}{2}$$

$$a_4 = \frac{a_0}{\theta} \qquad a_5 = -\frac{a_2}{\theta} \qquad a_6 = 1 - \frac{3}{\theta} \qquad a_7 = \frac{\Delta t}{2} \qquad a_8 = \frac{(\Delta t)^2}{6}$$

6. 유효강성도 계산

$$\hat{k} = k + a_0 m + a_1 c$$

II. 시점별 계산

1. 처음에 n에 0을 할당($n = 0$)
2. $(n+\theta)\Delta t$ 시점의 유효하중 계산

$$\hat{f}_{(n+\theta)\Delta t} = f_{n\Delta t} + \theta(f_{(n+1)\Delta t} - f_{n\Delta t}) + m(a_0 x_{n\Delta t} + a_2\dot{x}_{n\Delta t} + 2\ddot{x}_{n\Delta t}) + c(a_1 x_{n\Delta t} + 2\dot{x}_{n\Delta t} + a_3\ddot{x}_{n\Delta t})$$

3. $(n+\theta)\Delta t$ 시점의 변위($x_{(n+\theta)\Delta t}$) 계산

$$x_{(n+\theta)\Delta t} = \frac{1}{\hat{k}}\hat{f}_{(n+\theta)\Delta t}$$

4. $(n+1)\Delta t$ 시점의 가속도, 속도, 변위 계산

$$\ddot{x}_{(n+1)\Delta t} = a_4\{x_{(n+\theta)\Delta t} - x_{n\Delta t}\} + a_5\dot{x}_{n\Delta t} + a_6\ddot{x}_{n\Delta t}$$

$$\dot{x}_{(n+1)\Delta t} = \dot{x}_{n\Delta t} + a_7\{\ddot{x}_{(n+1)\Delta t} + \ddot{x}_{n\Delta t}\}$$

$$x_{(n+1)\Delta t} = x_{n\Delta t} + \Delta t\, \dot{x}_{n\Delta t} + a_8 \left\{ \ddot{x}_{(n+1)\Delta t} + 2\ddot{x}_{n\Delta t} \right\}$$

5. $n = n+1$을 할당하여 필요한 시점까지 2~4를 반복

예제 3 예제 1을 Wilson 방법으로 구하시오.

해설

I. 준비 계산

1. 구조 특성치는 문제에 주어져 있음.
2. $\Delta t = 0.02\text{sec}$, $\theta = 1.4$로 결정함.
3. $f(t)$의 샘플링

   $\Rightarrow f(t) = [0\ 4\ 8\ 6\ 4\ 2\ 0\ 0\ 0 \cdots 0]$
4. 모든 초기조건(x_0, $\dot{x}_0$, $\ddot{x}_0$)은 0으로 문제에 주어짐.
5. 계수 계산

   $a_0 = \dfrac{6}{(\theta\Delta t)^2} = 7653.1$ $\quad a_1 = \dfrac{3}{(\theta\Delta t)} = 107.14$ $\quad a_2 = 2a_1 = 214.29$

   $a_3 = \dfrac{\theta\Delta t}{2} = 0.014$ $\quad a_4 = \dfrac{a_0}{\theta} = 5466.5$ $\quad a_5 = -\dfrac{a_2}{\theta} = -153.06$

   $a_6 = 1 - \dfrac{3}{\theta} = -1.1429$ $\quad a_7 = \dfrac{\Delta t}{2} = 0.01$ $\quad a_8 = \dfrac{(\Delta t)^2}{6} = 6.6667 \times 10^{-5}$
6. 유효강성도

   $\hat{k} = k + a_0 m + a_1 c = 15319$

II. 시점별 계산

➡ $n=0$일 때

1. $(n+\theta)\Delta t$ 시점의 유효하중

$$\begin{aligned}\hat{f}_{\theta\Delta t} &= f_0 + \theta(f_{\Delta t} - f_0) + m(a_0 x_0 + a_2 \dot{x}_0 + 2\ddot{x}_0) + c(a_1 x_0 + 2\dot{x}_0 + a_3 \ddot{x}_0)\\ &= 0 + 1.4(4-0) + m(a_0 \cdot 0 + a_2 \cdot 0 + 2 \cdot 0) + c(a_1 \cdot 0 + 2 \cdot 0 + a_3 \cdot 0)\\ &= 5.6\end{aligned}$$

2. $(n+\theta)\Delta t$ 시점의 변위($x_{(n+\theta)\Delta t}$)

$$x_{(0+\theta)\Delta t} = \frac{1}{\hat{k}} \hat{f}_{(0+\theta)\Delta t} = \frac{5.6}{15319} = 3.6556 \times 10^{-4}$$

3. $(n+1)\Delta t$ 시점의 가속도, 속도, 변위

$$\begin{aligned}\ddot{x}_{\Delta t} &= a_4 \left\{ x_{(0+\theta)\Delta t} - x_0 \right\} + a_5 \dot{x}_0 + a_6 \ddot{x}_0\\ &= 5466.5 \left\{ 0.3656 \times 10^{-3} - 0 \right\} + a_5 \cdot 0 + a_6 \cdot 0 = 1.9984\end{aligned}$$

$$\dot{x}_{\Delta t} = \dot{x}_0 + a_7\{\ddot{x}_{\Delta t} + \ddot{x}_0\}$$
$$= 0 + 0.01\{1.9984 + 0\} = 1.9984 \times 10^{-2}$$
$$x_{\Delta t} = x_0 + \Delta t\,\dot{x}_0 + a_8\{\ddot{x}_{\Delta t} + 2\ddot{x}_0\}$$
$$= 0 + \Delta t \cdot 0 + 6.6667 \times 10^{-5}\{1.9984 + 0\} = 1.332 \times 10^{-4}$$

■ $n=1$일 때

1. $(n+\theta)\Delta t$ 시점의 유효하중

$$\hat{f}_{(1+\theta)\Delta t} = f_2 + \theta(f_{2\Delta t} - f_{\Delta t}) + m(a_0 x_{\Delta t} + a_2\dot{x}_{\Delta t} + 2\ddot{x}_{\Delta t}) + c(a_1 x_{\Delta t} + 2\dot{x}_{\Delta t} + a_3\ddot{x}_{\Delta t})$$
$$= 8 + 1.4(8-4) + 2(7653.1 \cdot 1.332 \times 10^{-4}$$
$$+ 214.29 \cdot 1.9984 \times 10^{-2} + 2 \cdot 1.9984)$$
$$+ 0.08(107.14 \cdot 1.332 \times 10^{-4} + 2 \cdot 1.9984 \times 10^{-2} + 0.014 \cdot 1.9984)$$
$$= 28.2035$$

2. $(n+\theta)\Delta t$ 시점의 변위($x_{(n+\theta)\Delta t}$)

$$x_{(1+\theta)\Delta t} = \frac{1}{\hat{k}}\hat{f}_{(1+\theta)\Delta t} = \frac{28.2035}{15319} = 1.8411 \times 10^{-3}$$

3. $(n+\theta)\Delta t$ 시점의 가속도, 속도, 변위

$$\ddot{x}_{2\Delta t} = a_4\{x_{(1+\theta)\Delta t} - x_{\Delta t}\} + a_5\dot{x}_{\Delta t} + a_6\ddot{x}_{\Delta t}$$
$$= 5466.5\{1.8411 \times 10^{-3} - 1.332 \times 10^{-4}\}$$
$$- 153.06 \cdot 1.9984 \times 10^{-2} - 1.1429 \cdot 1.9984$$
$$= 3.9936$$
$$\dot{x}_{2\Delta t} = \dot{x}_{\Delta t} + a_7\{\ddot{x}_{2\Delta t} + \ddot{x}_{\Delta t}\}$$
$$= 1.9984 \times 10^{-2} + 0.01\{3.9936 + 1.9984\}$$
$$= 7.9903 \times 10^{-2}$$
$$x_{2\Delta t} = x_{\Delta t} + \Delta t\,\dot{x}_{\Delta t} + a_8\{\ddot{x}_{2\Delta t} + 2\ddot{x}_{\Delta t}\}$$
$$= 1.332 \times 10^{-4} + 0.02 \cdot 1.9984 \times 10^{-2} + 6.6667 \times 10^{-5}\{3.9936 + 2 \cdot 1.9984\}$$
$$= 1.0656 \times 10^{-3}$$

n을 1씩 증가시켜 가며 계산하면 다음 표와 같다.

	Δt	$2\Delta t$	$3\Delta t$	$4\Delta t$	$5\Delta t$	$6\Delta t$	$7\Delta t$	$8\Delta t$
$x \times 10^3$	0.1332	1.0656	3.3952	6.9194	11.235	15.937	20.699	25.422
$\ddot{x}$	1.9984	3.9936	2.9866	1.9778	0.9682	−0.0413	−0.0508	−0.0603
$\dot{x}$	0.0200	0.0799	0.1497	0.1993	0.2288	0.2381	0.2372	0.2360

(4) 뉴마크 방법(Newmark Method)

뉴마크 방법은 뉴마크 β 방법이라고도 하며, 다음 가정을 제외하고는 윌슨 방법과 유사하다. 뉴마크 방법은 윌슨 방법의 식(4.6) 및 (4.7)과 유사한 다음 가정을 사용한다.

$$\dot{x}_{(n+1)\Delta t} = \dot{x}_{n\Delta t} + \left\{(1-\gamma)\ddot{x}_{n\Delta t} + \gamma\ddot{x}_{(n+1)\Delta t}\right\}\Delta t \tag{4.14}$$

$$x_{(n+1)\Delta t} = x_{n\Delta t} + \dot{x}_{n\Delta t}\,\Delta t + \left\{\left(\frac{1}{2}-\beta\right)\ddot{x}_{n\Delta t} + \beta\ddot{x}_{(n+1)\Delta t}\right\}(\Delta t)^2 \tag{4.15}$$

계수 γ와 β에 따라 다음과 같이 가속도에 대한 가정이 달라진다.

- $\gamma = 0,\ \beta = 0$: $n\Delta t \sim (n+1)\Delta t$ 구간의 가속도는 일정하다.
- $\gamma = \frac{1}{2},\ \beta = \frac{1}{2}$: $n\Delta t \sim (n+1)\Delta t$ 구간의 가속도는 선형이다. 즉, 윌슨 θ 방법과 동일한 경우이다.
- $\gamma = \frac{1}{2},\ \beta = \frac{1}{4}$: $n\Delta t \sim (n+1)\Delta t$ 구간의 평균가속도는 $\frac{\ddot{x}_{n\Delta t} + \ddot{x}_{(n+1)\Delta t}}{2}$이다.

식(4.14)와 식(4.15)를 정리하여 윌슨 방법과 유사하게 $\dot{x}_{(n+1)\Delta t}$와 $\ddot{x}_{(n+1)\Delta t}$를 $x_{(n+1)\Delta t}$와 $n\Delta t$ 시점의 변위, 속도, 가속도 항으로 나타내어 $(n+1)\Delta t$ 시점의 운동방정식 $m\ddot{x}_{(n+1)\Delta t} + c\dot{x}_{(n+1)\Delta t} + kx_{(n+1)\Delta t} = f_{(n+1)\Delta t}$에 대입하고, $x_{(n+1)\Delta t}$에 대하여 정리한다. 계속해서 윌슨방법과 유사하게 $\dot{x}_{(n+1)\Delta t}$에 관한 식을 $x_{(n+1)\Delta t}$와 $n\Delta t$ 시점의 변위, 속도, 가속도 항으로 나타낸다. 또한 $\ddot{x}_{(n+1)\Delta t}$도 $x_{(n+1)\Delta t}$와 $n\Delta t$ 시점의 변위, 속도, 가속도 항으로 나타낸다.

[참고] 뉴마크 베타 방법의 절차

I. 준비 계산

1. 구조 특성치($m,\ c,\ k$) 준비
2. Δt와 γ, β의 결정

   $\gamma \ge \frac{1}{2},\ \beta \ge \frac{1}{4}(0.5+\gamma)^2$

3. 하중 샘플링

4. 초기조건(x_0, $\dot{x}_0$, $\ddot{x}_0$) 준비
5. 계수 계산

$$a_0 = \frac{6}{\beta(\Delta t)^2} \qquad a_1 = \frac{\gamma}{\beta \Delta t} \qquad a_2 = \frac{1}{\beta \Delta t} \qquad a_3 = \frac{1}{2\beta} - 1$$

$$a_4 = \frac{\gamma}{\beta} - 1 \qquad a_5 = \frac{\Delta t}{2}\left(\frac{\gamma}{\beta} - 2\right) \qquad a_6 = \Delta t(1-\gamma) \qquad a_7 = \gamma \Delta t$$

6. 유효강성도 계산

$$\hat{k} = k + a_0 m + a_1 c$$

II. 시점별 계산

1. 처음에 n에 0을 할당
2. $(n+1)\Delta t$ 시점의 유효하중 계산

$$\hat{f}_{(n+1)\Delta t} = f_{(n+1)\Delta t} + m(a_0 x_{n\Delta t} + a_2 \dot{x}_{n\Delta t} + a_3 \ddot{x}_{n\Delta t}) + c(a_1 x_{n\Delta t} + a_4 \dot{x}_{n\Delta t} + a_5 \ddot{x}_{n\Delta t})$$

3. $(n+1)\Delta t$ 시점의 변위($x_{(n+1)\Delta t}$) 계산

$$x_{(n+1)\Delta t} = \frac{1}{\hat{k}} \hat{f}_{(n+1)\Delta t}$$

4. $(n+1)\Delta t$ 시점의 가속도와 속도 계산

$$\ddot{x}_{(n+1)\Delta t} = a_0\{x_{(n+1)\Delta t} - x_{n\Delta t}\} - a_2 \dot{x}_{n\Delta t} - a_3 \ddot{x}_{n\Delta t}$$

$$\dot{x}_{(n+1)\Delta t} = \dot{x}_{n\Delta t} + a_6 \ddot{x}_{n\Delta t} + a_7 \ddot{x}_{(n+1)\Delta t}$$

5. n을 증가시켜 필요한 시점까지 2~4를 반복

예제 4 예제 1을 뉴마크 방법으로 구하시오.

해설

I. 준비 계산

1. 구조 특성치(m, c, k)는 문제에 주어짐.
2. Δt와 γ, β의 선택

$$\Delta t = 0.02\text{sec}$$

$$\gamma = 0.5,\ \beta = \frac{1}{4}(0.5+\gamma)^2 = 0.25$$

3. $f(t)$의 샘플링

$\Rightarrow f(t) = [0\ 4\ 8\ 6\ 4\ 2\ 0\ 0\ 0 \cdots 0]'$

4. 초기조건(x_0, $\dot{x}_0$, $\ddot{x}_0$)은 문제에 주어짐(모두 0).

5. 계수 계산

$$a_0 = \frac{6}{\beta(\Delta t)^2} = 10000 \qquad a_1 = \frac{\gamma}{\beta \Delta t} = 100 \qquad a_2 = \frac{1}{\beta \Delta t} = 200$$

$$a_3 = \frac{1}{2\beta} - 1 = 1 \qquad a_4 = \frac{\gamma}{\beta} - 1 = 1 \qquad a_5 = \frac{\Delta t}{2}\left(\frac{\gamma}{\beta} - 2\right) = 0$$

$$a_6 = \Delta t(1-\gamma) = 0.01 \qquad a_7 = \gamma \Delta t = 0.01$$

6. 유효강성도 계산

$$\hat{k} = k + a_0 m + a_1 c = 20012$$

II. 시점별 계산

▶ $n=0$일 때

1. $(n+1)\Delta t$ 시점의 유효하중

$$\hat{f}_{\Delta t} = f_{\Delta t} + m(a_0 x_0 + a_2 \dot{x}_0 + a_3 \ddot{x}_0) + c(a_1 x_0 + a_4 \dot{x}_0 + a_5 \ddot{x}_0)$$
$$= 4 + m \cdot (0+0+0) + c(0+0+0)$$
$$= 4$$

3. $(n+1)\Delta t$ 시점의 변위($x_{(n+1)\Delta t}$)

$$x_{(0+1)\Delta t} = \frac{1}{\hat{k}} \hat{f}_{(0+1)\Delta t} = \frac{4}{20012} = 0.1999 \times 10^{-3}$$

4. $(n+1)\Delta t$ 시점의 가속도와 속도

$$\ddot{x}_{(0+1)\Delta t} = a_0\{x_{(0+1)\Delta t} - x_0\} - a_2 \dot{x}_0 - a_3 \ddot{x}_0$$
$$= 10000\{0.1999 \times 10^{-3} - 0\} - 200 \cdot 0 - 1 \cdot 0$$
$$= 1.9988$$

$$\dot{x}_{\Delta t} = \dot{x}_0 + a_6 \ddot{x}_0 + a_7 \ddot{x}_{\Delta t}$$
$$= 0 + 0 + 0.01 \cdot 1.9988$$
$$= 1.9988 \times 10^{-2}$$

▶ $n=1$일 때

1. $(n+1)\Delta t$ 시점의 유효하중

$$\hat{f}_{2\Delta t} = f_{2\Delta t} + m(a_0 x_{\Delta t} + a_2 \dot{x}_{\Delta t} + a_3 \ddot{x}_{\Delta t}) + c(a_1 x_{\Delta t} + a_4 \dot{x}_{\Delta t} + a_5 \ddot{x}_{\Delta t})$$
$$= 8 + 2(10000 \times 0.1999 \times 10^{-3} + 200 \times 0.1988 \times 10^{-2} + 1.9988)$$
$$+ 0.08(100 \times 0.1999 \times 10^{-3} + 1 \times 0.1988 \times 10^{-2} + 0)$$
$$= 23.99$$

3. $(n+1)\Delta t$ 시점의 변위$(x_{(n+1)\Delta t})$

$$x_{2\Delta t} = \frac{1}{\hat{k}} \hat{f}_{2\Delta t} = \frac{23.99}{20012} = 1.199 \times 10^{-3}$$

4. $(n+1)\Delta t$ 시점의 가속도와 속도

$$\begin{aligned} \ddot{x}_{2\Delta t} &= a_0 \{x_{2\Delta t} - x_{\Delta t}\} - a_2 \dot{x}_{\Delta t} - a_3 \ddot{x}_{\Delta t} \\ &= 10000\,\{1.1990 \times 10^{-3} - 0.1999 \times 10^{-3}\} - 200 \cdot 0.019988 - 1 \cdot 1.9988 \\ &= 3.9944 \end{aligned}$$

$$\begin{aligned} \dot{x}_{2\Delta t} &= \dot{x}_{\Delta t} + a_6 \ddot{x}_{\Delta t} + a_7 \ddot{x}_{2\Delta t} \\ &= 0.019988 + 0.01 \cdot 1.9988 + 0.01 \cdot 3.9944 \\ &= 7.9920 \times 10^{-2} \end{aligned}$$

n을 1씩 증가시켜 가며 계산하면 다음 표와 같다.

	Δt	$2\Delta t$	$3\Delta t$	$4\Delta t$	$5\Delta t$	$6\Delta t$	$7\Delta t$	$8\Delta t$
$x \times 10^3$	0.1999	1.1990	3.4955	6.9867	11.269	15.939	20.692	25.425
$\ddot{x}$	1.9988	3.9944	2.9870	1.9781	0.9683	−0.0414	−0,0509	−0.0603
$\dot{x}$	0.0200	0.0799	0.1497	0.1994	0.2288	0.2381	0.2372	0.2361

4.3 지진하중을 받는 단자유도계의 응답 - 수치적분법

지진하중을 받는 단자유도계의 운동방정식은 3장에서 유도한 지점운동에 의한 단자유도계의 운동방정식과 동일하다.

$$m\ddot{u} + c\dot{u} + ku = -m\ddot{x}_g$$

여기서, $u(t) = x(t) - x_g(t)$: 상대변위

$\ddot{x}_g$: 지반가속도

3장에서 구한 응답은 조화 지점운동에 의한 단자유도계의 응답이다. 그러나 지진하중은 조화하중이 아니기 때문에 일반하중의 경우에 적용이 가능한 직접적분법으로 지진응답을 구

하여야 한다. 최대응답이 필요한 경우에는 다음 5장에서 다루는 응답스펙트럼을 이용하여 응답을 구할 수도 있다. 앞 절에서 유도한 윌슨 방법과 뉴마크 방법 등의 수치적분법을 적용하여 지진응답을 구하기 위해서는 4.2절의 하중을 $f(t) = -m\ddot{x}_g$로 놓기만 하면 된다.

예제 5 주어진 El Centro 지진 기록에 대한 아래의 운동방정식을 만족하는 단자유도계의 지진응답을 윌슨 방법을 이용하여 구하시오.

- 운동방정식 : $2\ddot{u} + 0.08\dot{u} + 4u = -2\ddot{x}_g$
- 초기조건 : x_0, $\dot{x}_0$, $\ddot{x}_0$은 모두 0이다.
- El Centro 지진 기록 :

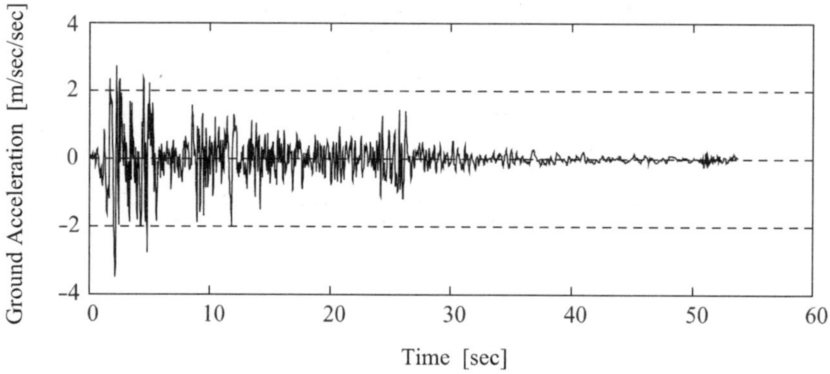

해설

[윌슨방법의 절차]

I. 준비 계산

1. 구조특성치

   $m = 2\text{kg}$, $c = 0.08\ \text{N}\cdot\text{sec/m}$, $k = 4\text{N/m}$

2. Δt의 결정

   주어진 지진기록의 계측간격이 0.02sec이고, 이 간격은 고유주기 $T_n = 4.443\text{sec}$보다 충분히 작으므로 $\Delta t = 0.02\text{sec}$로 정함. $\theta = 1.4$를 사용함.

3. 하중 $f(n\Delta t)$ 준비

   주어진 지진가속도 기록의 단위가 m/sec^2이고 질량이 2kg이므로 지진가속도($\ddot{x}_g$)에 -2만 곱하면 된다.

   $f(n\Delta t) = -2\ddot{x}_g$

4. 초기조건(x_0, $\dot{x}_0$, $\ddot{x}_0$)은 모두 0이다.

5. 계수 계산

$$a_0 = \frac{6}{(\theta\Delta t)^2} = 7653.1 \qquad a_1 = \frac{3}{(\theta\Delta t)} = 107.14 \qquad a_2 = 2a_1 = 214.29$$

$$a_3 = \frac{\theta\Delta t}{2} = 0.014 \qquad a_4 = \frac{a_0}{\theta} = 5466.5 \qquad a_5 = -\frac{a_2}{\theta} = -153.06$$

$$a_6 = 1 - \frac{3}{\theta} = -1.1429 \qquad a_7 = \frac{\Delta t}{2} = 0.01 \qquad a_8 = \frac{(\Delta t)^2}{6} = 6.6667 \times 10^{-5}$$

6. 유효강성도 계산

$\hat{k} = k + a_0 m + a_1 c = 15319$

II. 시점별 계산

➡ $n=0,\ 1,\ 2,\ 3,\ \cdots$ 차례로

1. 유효하중 $\hat{f}_{(n+\theta)\Delta t}$

2. $(n+\theta)\Delta t$ 시점의 변위($x_{(n+\theta)\Delta t}$), $x_{(n+\theta)\Delta t} = \frac{1}{\hat{k}}\hat{f}_{(n+\theta)\Delta t}$

3. $(n+1)\Delta t$ 시섬의 가속도 $\ddot{x}_{(n+1)\Delta t}$ 속도 $\dot{x}_{(n+1)\Delta t}$ 변위 $x_{(n+1)\Delta t}$를 구하면 다음 그림과 같다.

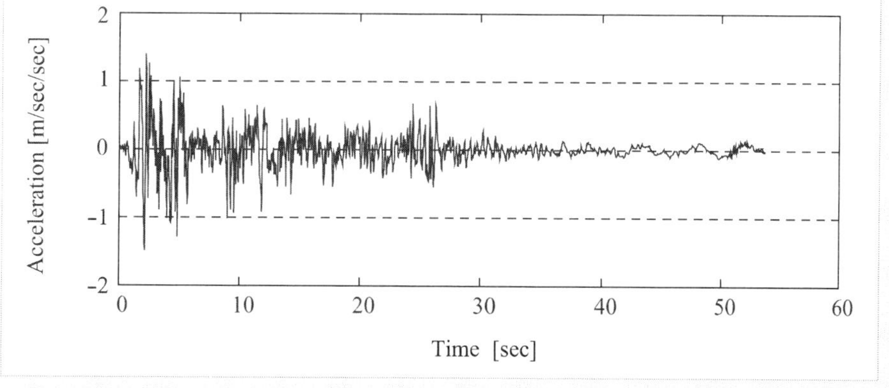

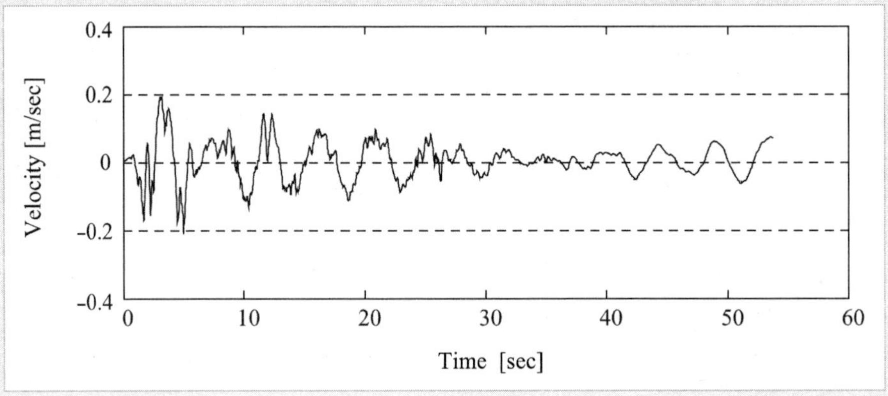
Velocity [m/sec]
0.4
0.2
0
-0.2
-0.4
0
10
20
30
40
50
60
Time [sec]

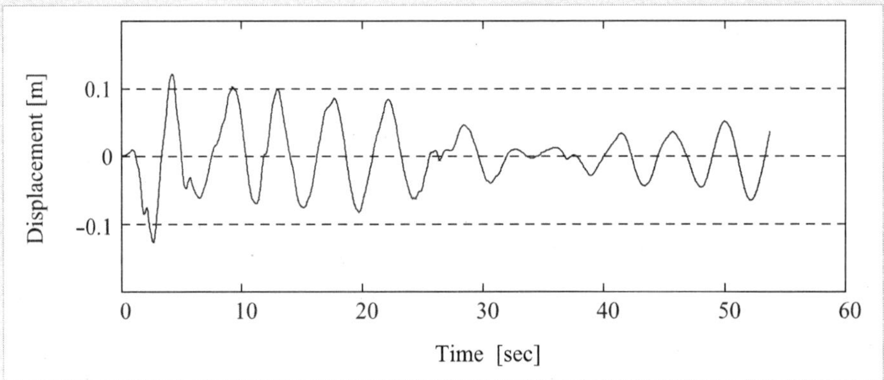
Displacement [m]
0.1
0
-0.1
0
10
20
30
40
50
60
Time [sec]

▌연습문제▐

4.1 다음과 같은 단자유도계의 구조특성치와 하중이 주어졌을 때 변위속도 가속도 응답을 윌슨 방법과 뉴마크 방법으로 구하시오.

구조특성치 : $m = 3\text{kg}$, $c = 0.06\text{N} \cdot \text{sec/m}$, $k = 9\text{N/m}$

초기조건 : x_0, $\dot{x}_0$, $\ddot{x}_0$은 모두 0

동적하중 $f(t)$:

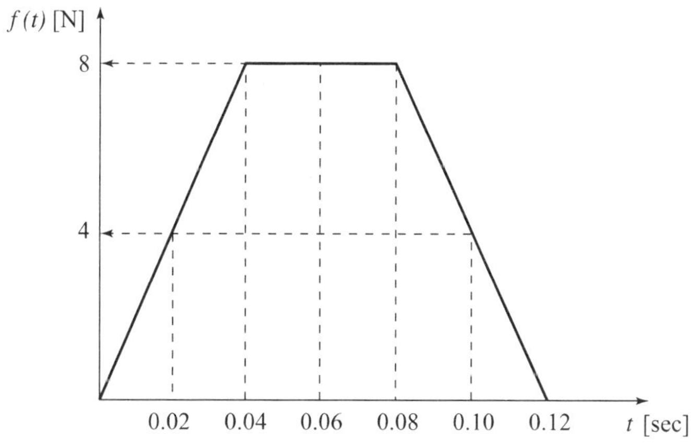

4.2 예제 5에 주어진 El Centro 지진에 의한 다음 운동방정식을 만족하는 단자유도계의 지진응답을 윌슨 방법을 이용하여 구하시오.

운동방정식 : $5\ddot{u} + 0.04\dot{u} + 16u = -5\ddot{x}_g$

초기조건 : x_0, $\dot{x}_0$, $\ddot{x}_0$은 모두 0

제 5 장

응답 스펙트럼

응답 스펙트럼(Response Spectrum)은 반응 스펙트럼이라고도 하며, 지진하중을 받는 토목 건축 구조물의 내진설계에서 유용한 개념이다.

5.1 지진하중을 받는 다자유도계의 상대변위, 상대속도, 절대가속도 응답

지진하중을 받는 단자유도계 구조물의 운동방정식은 앞에서 구한 바와 같이 다음과 같다.

$$m\ddot{u} + c\dot{u} + ku = -m\ddot{x}_g \tag{5.1}$$

이 식을 m으로 나누어 정리하면

$$\ddot{u}(t) + 2\xi\omega\dot{u}(t) + \omega^2 u(t) = -\ddot{x}_g(t) \tag{5.2}$$

이다. 이 식의 해는 4장에서 구한 결과를 이용하면

$$u(t) = -\frac{1}{\omega_d}\int_0^t \ddot{x}_g(\tau)e^{-\xi\omega(t-\tau)}\sin\omega_d(t-\tau)\,d\tau \tag{5.3}$$

이다. 상대속도 응답은 위 식을 미분하여 구할 수 있다.

$$\dot{u}(t) = -\frac{\omega}{\omega_d}\int_0^t \ddot{x}_g(\tau)e^{-\xi\omega(t-\tau)}\cos\{\omega_d(t-\tau)-\theta\}\,d\tau \tag{5.4}$$

여기서, $\theta = \tan^{-1}\left(\frac{\xi}{\sqrt{1-\xi^2}}\right)$

절대변위가 아닌 상대변위를 구하는 이유는 구조물의 탄성력이 상대변위와 관련이 있기 때문이다. 또한 구조물의 감쇠력이 상대속도와 관련이 있기 때문에 상대속도를 구하였다. 그러나 관성력은 절대가속도와 관련이 있기 때문에 절대가속도 응답을 구할 필요가 있다. 상대변위로 표현한 운동방정식

$$\ddot{u}(t) + 2\xi\omega\dot{u}(t) + \omega^2 u(t) = -\ddot{x}_g(t)$$

은 우변을 좌변으로 이항하면

$$\ddot{u}(t) + \ddot{x}_g(t) + 2\xi\omega\dot{u}(t) + \omega^2 u(t) = 0$$

이 되고, 절대가속도는 $\ddot{x}(t) = \ddot{u}(t) + \ddot{x}_g(t)$이므로

$$\ddot{x}(t) = -2\xi\omega\dot{u}(t) - \omega^2 u(t) \tag{5.5}$$

이 된다. 즉, 상대속도와 상대변위로부터 절대가속도를 구할 수 있다.

5.2 응답 스펙트럼의 정의

응답 스펙트럼은 지진을 받는 탄성 단자유도계 구조물의 최대응답을 그래프로 나타낸 것이다. 가로축은 진동수(또는 주기), 세로축은 최대응답(상대변위, 상대속도, 절대가속도)을 나타낸다. 이때 응답 스펙트럼은 감쇠비(ξ)에 따라 각각 그려지게 된다. 즉, 특정한 지반운동에 대하여 단자유도 구조물의 고유진동수를 가로축으로 구조물의 감쇠비를 매개변수로 하여 세로축에 최대응답을 나타낸 것이다.

참고 응답 스펙트럼을 그리는 절차

(1) 응답 스펙트럼을 그리려는 목적에 맞게 특정한 지반운동(보통은 지진에 의한 지반가속도)을 선택한다.

예 : Imperial Valley 지진의 지반가속도, Taft 지진의 지반가속도 등

(2) 단자유도계 구조물의 감쇠비를 구한다.

(3) 고유진동수를 변경해가며 해당 단자유도계의 최대응답[상대변위 $S_D(\xi,\omega)$, 상대속도 $S_V(\xi,\omega)$, 절대가속도 $S_A(\xi,\omega)$]을 계산하여 가로축에는 고유진동수(또는 주기), 세로축에는 최대응답을 그린다.

특정 지진에 대하여 해당 단자유도계 구조물의 고유진동수와 감쇠비를 알면 그래프를 통해 최대응답을 바로 구할 수 있는 그래프를 응답 스펙트럼이라 한다. 설계의 입장에서는 응답의 시간이력곡선보다는 최대값이 의미가 있으므로 최대값만 표시한 그래프가 의미가 있다.

상대변위와 상대속도의 응답 스펙트럼은 식(5.3)과 식(5.4)로부터 얻은 시간이력응답의 절대 최대값으로 정의된다.

• 상대변위 스펙트럼

$$S_D(\xi,\omega)=|u(t)|_{\max}=\left|-\frac{1}{\omega_d}\int_0^t \ddot{x}_g(\tau)e^{-\xi\omega(t-\tau)}\sin\omega_d(t-\tau)\,d\tau\right|_{\max} \tag{5.6}$$

• 상대속도 스펙트럼

$$S_V(\xi,\omega)=|\dot{u}(t)|_{\max}=\left|-\frac{\omega}{\omega_d}\int_0^t \ddot{x}_g(\tau)e^{-\xi\omega(t-\tau)}\cos\{\omega_d(t-\tau)-\theta\}\,d\tau\right|_{\max} \tag{5.7}$$

절대가속도 스펙트럼은 식(5.5)로부터 구할 수 있다.

• 절대가속도 스펙트럼

$$S_A(\xi,\omega)=|\ddot{x}(t)|_{\max}=|-2\xi\omega\dot{u}(t)-\omega^2u(t)|_{\max} \tag{5.8}$$

고유주기가 0에 가까워지면 변위 및 속도 응답 스펙트럼의 값은 0에 근접하는 반면에, 가속도 반응 스펙트럼의 값은 지반의 최대가속도와 거의 일치하게 된다. 이는 고유주기와 관련된 구조물의 특성을 생각해보면 쉽게 이해할 수 있다. 즉, 구조물의 고유주기가 0에 가깝다는 것은 구조물의 강성도가 매우 크다는 것을 의미한다. 강성이 매우 큰 경우에 구조물은 지반의 움직임과 동일하게 거동하므로, 구조물의 절대가속도는 지반의 가속도와 동일하지만 상대변위와 상대속도는 0에 근접하는 것이다.

반대로 고유주기가 매우 큰 경우에는 변위 및 속도 응답 스펙트럼은 지반의 최대변위 및 최대속도와 거의 일치하게 되지만 가속도 스펙트럼은 0에 가까워진다. 고유주기가 매우 크다는 것은 강성도가 매우 작은 유연한 구조물을 의미한다. 이 경우에는 구조물의 질량은 제자리에 있는 반면 기초부분은 지반과 함께 운동하므로 구조물의 절대가속도는 0에 가깝고, 지반에 대한 상대 변위 및 속도는 지반의 속도 및 변위와 거의 같게 된다.

예제 1 지반가속도가 다음과 같이 주어졌을 때 변위 응답 스펙트럼을 구하시오. 단, 감쇠비는 0.05, 0.10이다.

• 지반가속도 : El Centro 지진의 남북방향성분(4장의 예제 5에 주어짐)

해설 운동방정식

$$\ddot{u}(t)+2\xi\omega\dot{u}(t)+\omega^2 u(t)=-\ddot{x}_g(t)$$

여기서, $\omega=\dfrac{2\pi}{T}$

$\xi=0.05,\ 0.10$

위의 운동방정식에서 ω를 바꾸어 가며 상대변위이력곡선을 뉴마크법으로 계산하고, 최대치를 구하여 아래와 같은 표와 그림에 나타내었다. 단지 가로축을 진동수 대신 주기로 표현하여 나타내었다. 주기가 0.1초에서 3초 구간을 0.1초 간격으로 나누어 각 주기별로 최대변위를 계산하였다. 감쇠비(ξ)=0.05, 0.10으로 주어졌으므로 각각의 감쇠비에 대하여 변위응답스펙트럼을 구할 수 있다.

주기 T [sec]	0.1	0.2	0.3	0.4	⋯	3.0
$\omega=\dfrac{2\pi}{T}$ [rad/sec]	62.8	31.4	20.9	15.7	⋯	2.09
$S_D(\xi=0.05,\ T)$ [m]	0.0016	0.0067	0.0163	0.0241		0.2555
$S_D(\xi=0.10,\ T)$ [m]	0.0013	0.0054	0.0121	0.0192		0.2090

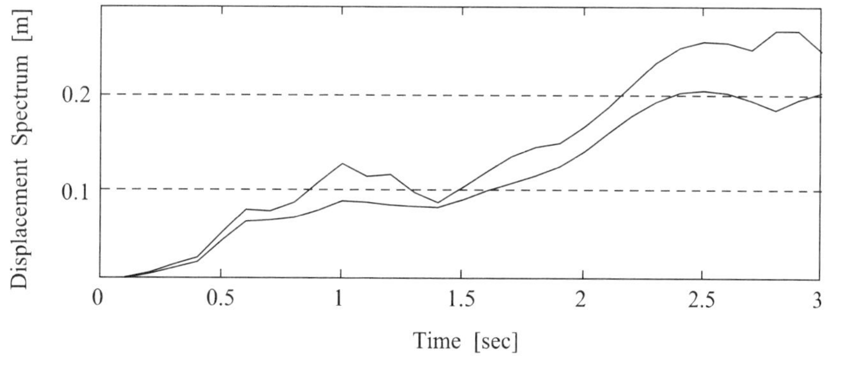

상대변위 응답 스펙트럼

계속해서 상대속도와 절대가속도의 최대값을 구해서 스펙트럼을 그리면 다음과 같다.

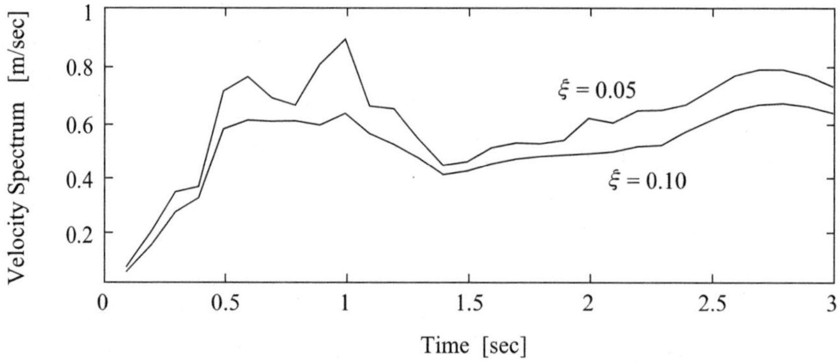

상대속도 응답 스펙트럼

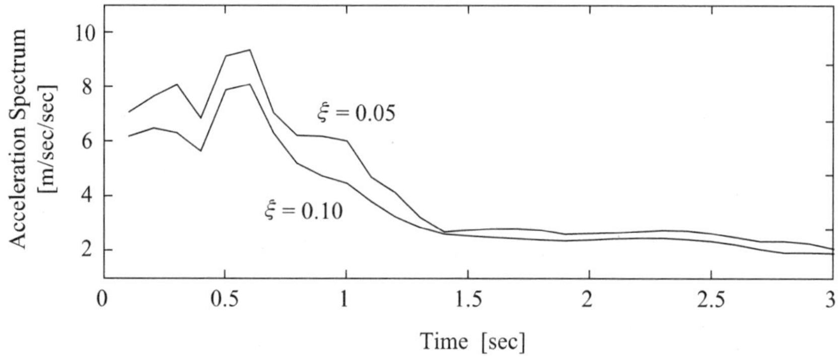

절대가속도 응답 스펙트럼

5.3 유사응답 스펙트럼

토목 및 건축구조물은 감쇠율이 비교적 작다. 일반적으로 감쇠비가 $\xi \le 0.2$인 경우에는

$$\omega_d = \omega\sqrt{1-\xi^2} \simeq \omega$$

이 성립된다.

$\omega_d \simeq \omega$로 간주하고, 위상각 θ를 무시하여 구한 속도응답 스펙트럼을 유사속도 응답 스펙트럼이라 한다.

• 유사속도 스펙트럼

$$\overline{S}_V(\xi,\omega) = \left| -\int_0^t \ddot{x}_g(\tau) e^{-\xi\omega(t-\tau)} \{\cos\omega(t-\tau)\} d\tau \right|_{max} \tag{5.9}$$

감쇠가 작은 경우에 장주기(저진동수)영역에서는 $S_V(\xi,\omega)$와 $\overline{S_V}(\xi,\omega)$이 상당한 차이를 보이지만, 단주기 영역에서는 큰 차이를 보이지 않는다. 그러나 감쇠율이 크면 모든 영역에서 차이가 크다.

비슷하게 유사변위 스펙트럼을 정의할 수 있다. 즉, $\omega_d \simeq \omega$로 간주하여 변위 스펙트럼을 구한 것을 유사변위 스펙트럼이라 한다.

• 유사변위 스펙트럼

$$\overline{S_D}(\xi,\omega) = \left| -\frac{1}{\omega}\int_0^t \ddot{x}_g(\tau) e^{-\xi\omega(t-\tau)} \sin\omega(t-\tau) d\tau \right|_{max} \tag{5.10}$$

따라서, 유사변위 스펙트럼과 유사속도 스펙트럼 사이의 관계는 다음과 같다.

$$\overline{S}_D(\xi,\omega) = \omega\overline{S}_V(\xi,\omega) \tag{5.11}$$

한편, 식(5.3)에서 감쇠비(ξ)가 작은 경우에는 $2\xi\omega\dot{u}(t)$를 무시할 수 있으므로 $\ddot{x}(t) = -2\xi\omega\dot{u}(t) - \omega^2 u(t)$을 $\ddot{x}(t) = -\omega^2 u(t)$로 간략히 할 수 있는데, 이로부터 유사가속도 스펙트럼을 정의할 수 있다.

• 유사가속도 스펙트럼

$$\begin{aligned} \overline{S}_A(\xi,\omega) &= |\ddot{x}(t)|_{max} \\ &= |\omega^2 u(t)|_{max} \\ &= \omega^2\overline{S}_D(\xi,\omega) \\ &= \omega\overline{S}_V(\xi,\omega) \end{aligned} \tag{5.12}$$

즉, 유사응답 스펙트럼의 관계는 다음과 같다.

$$\overline{S}_A(\xi,\omega) = \omega\overline{S}_V(\xi,\omega) = \omega^2\overline{S}_D(\xi,\omega) \tag{5.13}$$

일반적으로 유사속도 스펙트럼을 구하면 나머지 유사변위와 유사가속도 스펙트럼을 구할 수 있다.

유사응답 스펙트럼은 $0 < \xi < 0.1$ 사이에서는 응답 스펙트럼과 차이가 크지 않기 때문에 널리 사용되어 왔지만, 오늘날에는 컴퓨터의 성능이 우수하여 예전보다는 비교적 쉽게 응답 스펙트럼을 구할 수 있으므로 가능하면 유사응답 스펙트럼보다는 실제응답 스펙트럼을 구하는 것이 바람직하다. 그러나 유사응답 스펙트럼은 변위, 속도, 가속도 스펙트럼이 식(5.13)과 같은 간단한 식으로 서로 연관되어 있으므로 스펙트럼 사이의 특성을 파악하는 데 좋은 자료가 된다. 또한 4축 대수도표는 변위 속도 가속도 유사응답 스펙트럼을 한 도표에 동시에 그린 도표로서 오늘날까지 많이 사용되어 왔다.

5.4 설계 스펙트럼

응답 스펙트럼은 '특정 지진'에 대한 단자유도계의 최대응답을 나타낸 것으로서 지진이 바뀌면 응답 스펙트럼도 바뀐다. 따라서 설계에 사용할 만한 응답 스펙트럼을 구하려면 설계에 사용할 만큼 의미 있는 여러 지진에 대한 응답 스펙트럼을 통계처리하여, 특정지진에 의해 특화된 것이 아닌, 발생가능한 어느 지진에도 적용가능한 스펙트럼이 필요하다. 이러한 목적으로 만들어지는 스펙트럼을 설계 스펙트럼(Design Spectrum)이라 한다.

설계 스펙트럼은 의미 있는 여러 지진에 대한 응답 스펙트럼을 통계적으로 조합하고, 최대한 단순하게 수정하여 만든다. 보통의 응답 스펙트럼은 곡선의 요동이 심하다. 즉, 약간의 진동수가 변해도 최대응답이 많이 바뀐다. 따라서 설계응답 스펙트럼은 의미 없는 곡선의 변화를 단순화할 필요가 있다. 대표적 설계 스펙트럼으로 Housner 스펙트럼, Newmark와 Hall의 스펙트럼, ATC 스펙트럼 등이 있다.

Housner 스펙트럼은 미국 캘리포니아의 중요 4개의 지진(1934년 El Centro 지진, 1940년 El Centro 지진, 1940년 Olympia 지진, 1952년 Taft 지진)의 수평지진자료를 사용하여 설계응답 스펙트럼을 작성한 것이다.

뉴마크와 홀은 최대지반가속도(PGA), 최대지반속도(PGV), 최대지반변위에 적절한 스펙트럼 증폭계수를 곱하여 설계응답 스펙트럼을 작성하는 방법을 제시하였다.

미국 ATC (Applied Technology Council)는 지반조건이 스펙트럼에 미치는 영향을 고려하여 ATC 스펙트럼을 만들었다. 이 스펙트럼은 UBC (Uniform Building Code) 등에 채택되었으며, 가장 보편적으로 이용되고 있는 설계 스펙트럼 중의 하나이다.

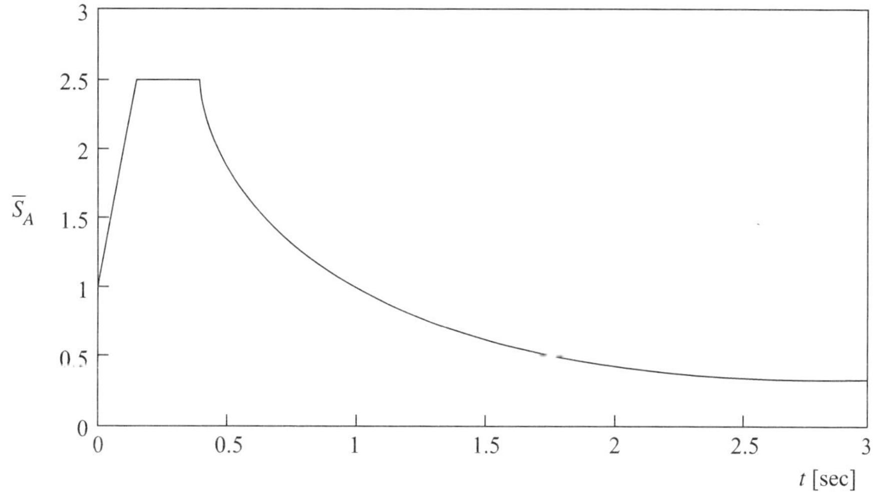

그림 5.1 ATC 스펙트럼의 예(Rock and Stiff Soils)

예제 2 감쇠비는 5%이고, 주기가 1.5초인 비감쇠 단자유도계의 최대절대가속도, 최대상대속도를 구하시오. 단, 설계스펙트럼은 다음 식과 같다.

$$\overline{S}_A = \begin{cases} 10T + 1.0, & 0.00 < T < 0.15 \\ 2.5, & 0.15 < T < 0.39 \\ 0.975/T, & 0.39 < T < 3.0 \end{cases}$$

해설 주어진 설계 스펙트럼에서 최대절대가속도를 구하면

$$\overline{S}_A = 0.975/1.5 = 0.65\,\text{m/sec}^2$$

주기 $T = 1.5$일 때 각고유진동수는

$$\omega = \frac{2\pi}{T} = \frac{2\pi}{1.5} = 4.189\,\text{rad/sec}$$

유사응답 스펙트럼의 관계로부터 최대상대속도는

$$\overline{S}_V(\xi, \omega) = \frac{1}{\omega}\,\overline{S}_A(\xi, \omega) = \frac{0.65}{4.189} = 0.155\,\text{m/sec}$$

최대상대변위는

$$\overline{S}_D(\xi, \omega) = \frac{1}{\omega^2}\,\overline{S}_A(\xi, \omega) = \frac{0.65}{4.189^2} = 0.0370\,\text{m}$$

▌연습문제▐

5.1 지반가속도가 다음과 같이 주어졌을 때, 변위속도 가속도 응답 스펙트럼을 구하시오. 단, 감쇠비는 0.05, 0.08이다.

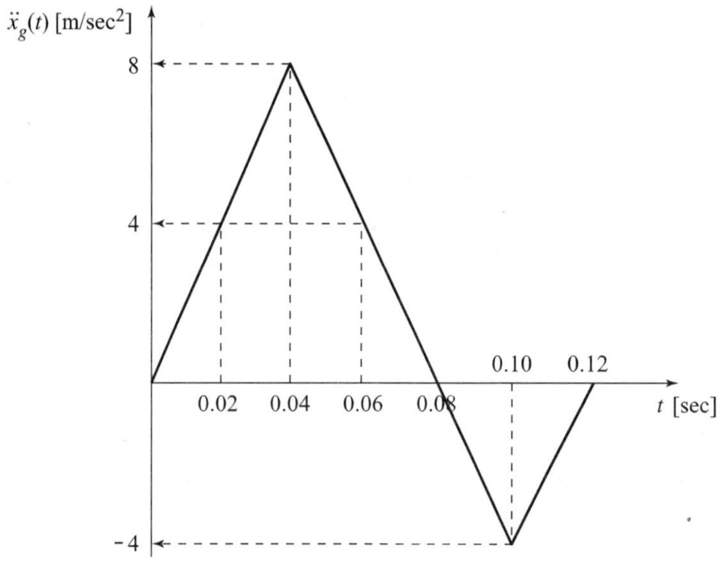

5.2 주기가 0.3초인 단자유도계의 최대절대가속도, 최대상대속도를 구하시오. 단, 설계 스펙트럼은 다음 식과 같고, 감쇠비는 0.05이다.

$$\overline{S}_A(\xi = 0.05,\ T) = \begin{cases} 10T + 1.0, & 0.00 < T < 0.15 \\ 2.5, & 0.15 < T < 0.39 \\ 0.975/T, & 0.39 < T < 3.0 \end{cases}$$

제 6 장

다자유도계

일반적인 구조물은 연속체이므로 무한자유도를 갖는다. 그러나 단순화하면 유한한 자유도를 갖는 다자유도계로 모델링할 수 있다. 다자유도계의 운동방정식은 유한한 연계 방정식이 된다.

6.1 다자유도계의 운동방정식 - 전단건물

다자유도계 운동방정식을 설명하기에 가장 좋은 예제는 전단건물이다. 다음 그림의 3층 전단건물을 예제로 다자유도계의 여러 진동을 설명하고자 한다. 1장에서 유도된 3층 전단건물의 운동방정식을 다시 옮기면 다음과 같다.

$$[M]\{\ddot{x}(t)\} + [C]\{\dot{x}(t)\} + [K]\{x(t)\} = \{f(t)\}$$

여기서,

질량행렬 $[M] = \begin{bmatrix} m_1 & 0 & 0 \\ 0 & m_1 & 0 \\ 0 & 0 & m_1 \end{bmatrix}$, 집중질량 가정

감쇠행렬 $[C] = \begin{bmatrix} c_1 + c_2 & -c_2 & 0 \\ -c_2 & c_2 + c_3 & -c_3 \\ 0 & -c_3 & c_3 \end{bmatrix}$

강성도행렬 $[K] = \begin{bmatrix} k_1 + k_2 & -k_2 & 0 \\ -k_2 & k_2 + k_3 & -k_3 \\ 0 & -k_3 & k_3 \end{bmatrix}$

변위벡터 $\{x(t)\} = \begin{Bmatrix} x_1(t) \\ x_2(t) \\ x_3(t) \end{Bmatrix}$

외력벡터 $\{f(t)\} = \begin{Bmatrix} f_1(t) \\ f_2(t) \\ f_3(t) \end{Bmatrix}$

각각의 기둥 휨강성 $EI = 3.0 \times 10^7\ N \cdot m^2$일 때, 각 층의 강성도는 두 개의 기둥이 병렬로 연결된 형태이므로 $k_1 = k_2 = k_3 = 2\dfrac{12EI}{L^3} = \dfrac{24 \times 3.0 \times 10^7}{3.5^3} = 1.68 \times 10^7\ N/m$이다.

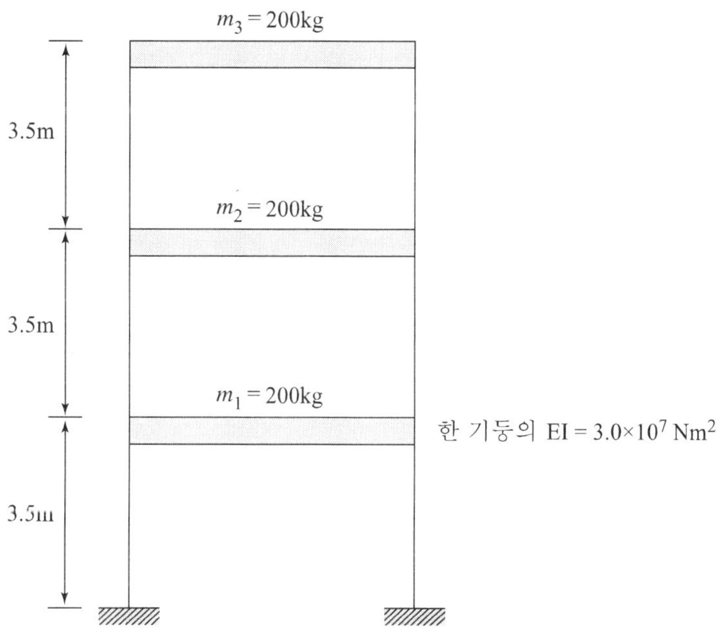

그림 6.1 3층 전단건물

따라서, 질량행렬과 강성도행렬은 다음과 같다. 감쇠행렬은 다음에 고려한다.

$$\text{질량행렬} \quad [M] = \begin{bmatrix} 200 & 0 & 0 \\ 0 & 200 & 0 \\ 0 & 0 & 200 \end{bmatrix}$$

$$\text{강성도행렬} \quad [K] = 1 \times 10^7 \begin{bmatrix} 3.36 & -1.68 & 0 \\ -1.68 & 3.36 & -1.68 \\ 0 & -1.68 & 1.68 \end{bmatrix}$$

6.2 다자유도계의 모드해석

비감쇠 전단건물의 자유진동 운동방정식은

$$[M]\{\ddot{x}(t)\} + [K]\{x(t)\} = \{0\}$$

이다. 이 식을 풀어 쓰면,

$$200\,\ddot{x}_1 + 3.36\times10^7\,x_1 - 1.68\times10^7\,x_2 = 0$$
$$200\,\ddot{x}_2 - 1.68\times10^7\,x_1 + 3.36\times10^7\,x_2 - 1.68\times10^7\,x_3 = 0$$
$$200\,\ddot{x}_3 - 1.68\times10^7\,x_2 + 1.68\times10^7\,x_3 = 0$$

위의 식을 살펴보면 각 식에 변수 x_1, x_2, x_3들이 동시에 존재하는 연계된 식(Coupled Equations)이다. 그렇지 않고 강성도행렬 $[K]$가 집중질량행렬 $[M]$처럼 대각행렬이라면 각 식은 하나의 변수만 존재하는 비연계된(Uncoupled) 미분방정식이 된다. 예를 들어,

$$\text{강성도행렬 } [K] = 1\times10^7\begin{bmatrix} 3.36 & 0 & 0 \\ 0 & 3.36 & 0 \\ 0 & 0 & 1.68 \end{bmatrix}$$

와 같이 대각행렬이면, 미분방정식이 아래와 같이 비연계된 식이 된다.

$$200\,\ddot{x}_1 + 3.36\times10^7\,x_1 = 0$$
$$200\,\ddot{x}_2 + 3.36\times10^7\,x_2 = 0$$
$$200\,\ddot{x}_3 + 1.68\times10^7\,x_3 = 0$$

위의 각 식은 단자유도계에 대한 미분방정식이므로 앞 장에서 구한 해와 같이 각각의 변수 x_1, x_2, x_3에 대한 해를 구할 수 있다. 따라서, 연계된 미분방정식을 비연계된 미분방정식으로 분리(Decoupling)하면 해당 방정식의 해를 구할 수 있는 것이다.

(1) 고유치문제

연계된 미분방정식 $[M]\{\ddot{x}(t)\} + [K]\{x(t)\} = \{0\}$의 해는 변수 x_i에 대한 각각의 해를 구하는 것이며, 그 해는 단자유도계에서 구한 형태의 해가 될 것이다. 즉, n자유도의 경우 아래와 같은 형태로 가정할 수 있다.

$$x_i(t) = \phi_i \sin(\omega_i t + \theta_i) \qquad (i = 1, 2, \cdots, n)$$

여기서, ϕ_i는 x_i의 진폭이고, θ_i는 위상각이다.

이 식을 벡터식으로 변경하면

$$\{x(t)\} = \{\phi\}\sin(\omega t + \theta)$$

이다. 위의 식을 미분방정식에 대입하면

$$([K] - \omega^2[M])\{\phi\} = \{0\}$$

이 되는데, 이 식을 만족하는 고유치(ω^2), 고유벡터($\{\phi\}$)를 구하는 문제가 되므로 고유치문제(Eigenvalue Problem)라고 부른다. 이 식에서 $\{\phi\}$가 $\{0\}$이면 위의 식은 항상 성립한다. 그러나 $\{\phi\} = \{0\}$은 공학적으로 의미가 없으므로 0이 아닌 해를 구해야 한다.

고유치문제에서 $\{\phi\} = \{0\}$이 아닌 해를 갖기 위한 조건은 다음 행렬식(Determinant)이 0이 되는 것이다.

$$\det([K] - \omega^2[M]) = 0$$

이 식을 특성방정식(Characteristic Equation)이라 한다. 이 식은 변수 ω^2에 대한 n차 다항식이 되어 이 방정식을 풀어 n개의 ω^2을 구해야 한다. 행렬 $[K]$와 $[M]$이 대칭행렬이고, 양확정(Positve Definite)이면 n개의 근이 모두 양의 실수가 된다. 이 근을 작은 순서대로 정리하여 $\omega_1 \le \omega_2 \le \cdots \le \omega_n$, 그 중 가장 작은 값($\omega_1$)을 기본진동수(Fundamental Frequency) 또는 1차 고유진동수(First Natural Frequency)라 부른다.

위의 특성방정식을 바로 풀지 않고, 다음처럼 약간의 행렬연산을 하면 표준 고유치문제가 된다.

미분 방정식에서 $\lambda = \dfrac{1}{\omega^2}$으로 치환하여 정리하면

$$(\lambda[K] - [M])\{\phi\} = \{0\}$$

이고, 이 식에 $[K]^{-1}$을 앞에서 곱하면

$$\begin{aligned} [K]^{-1}(\lambda[K] - [M])\{\phi\} = \{0\} \quad &\Leftrightarrow \quad (\lambda[K]^{-1}[K] - [K]^{-1}[M])\{\phi\} = \{0\} \\ &\Leftrightarrow \quad (\lambda[I] - [D])\{\phi\} = \{0\} \\ &\Leftrightarrow \quad \lambda[I]\{\phi\} = [D]\{\phi\} \end{aligned}$$

이 되고, 이 식을 표준 고유치문제라 한다. 여기서, $[D] = [K]^{-1}[M]$이다.

표준 고유치문제가 $\{\phi\}$가 $\{0\}$이 아닌 해를 갖기 위한 조건은 다음 행렬식(Determinant)이 0이 되는 것이다.

$$\det(\lambda[I]-[D])=0$$

위의 λ에 대한 n차의 다항식을 풀어 $\omega=\sqrt{\dfrac{1}{\lambda}}$로 환원하여 오름차순으로 정리하면 $\omega_1 \le \omega_2 \le \cdots \le \omega_n$을 구할 수 있다. 또한 구한 각각의 λ_i, $i=1,\ 2,\ \cdots,\ n$을 $\lambda[I]\{\phi\}=[D]\{\phi\}$에 대입하면 고유벡터 $\{\phi_i\}$, $i=1,\ 2,\ \cdots,\ n$을 구할 수 있다. 고유벡터를 구조물의 모드형상(Mode Shape)이라고도 한다.

다자유도계의 해는 고유치 해석을 통해 얻은 고유진동수와 고유벡터를 사용하여 다음과 같이 표현할 수 있다.

$$\begin{aligned}\{x(t)\} &= \sum_{i=1}^{n}\{\phi_i\}\sin(\omega_i t+\theta_i)\\ &= \{\phi_1\}\sin(\omega_1 t+\theta_1)+\ \cdots\ +\{\phi_n\}\sin(\omega_n t+\theta_n)\end{aligned}$$

풀어쓰면,

$$\begin{Bmatrix} x_1(t)\\ x_2(t)\\ \vdots\\ x_n(t)\end{Bmatrix} = \begin{Bmatrix} \phi_{11}(t)\\ \phi_{21}(t)\\ \vdots\\ \phi_{n1}(t)\end{Bmatrix}\sin(\omega_1 t+\theta_1)+\ \cdots\ +\begin{Bmatrix} \phi_{1n}(t)\\ \phi_{2n}(t)\\ \vdots\\ \phi_{nn}(t)\end{Bmatrix}\sin(\omega_n t+\theta_n)$$

예제 1 다음 그림의 구조물에 대하여 고유진동수와 모드형상을 구하시오.

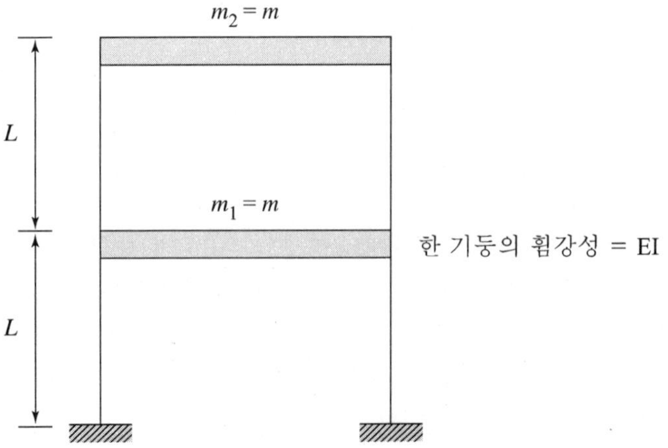

해설 질량행렬 $[M]=m\begin{bmatrix}1 & 0\\0 & 1\end{bmatrix}$

강성행렬 $[K]=k\begin{bmatrix}2 & -1\\-1 & 1\end{bmatrix}$

여기서, $k=2\dfrac{12\,\mathrm{EI}}{L^3}=\dfrac{24\,\mathrm{EI}}{L^3}$

$$
\begin{aligned}
[D]&=[K]^{-1}[M]\\
&=\frac{1}{k}\begin{bmatrix}2 & -1\\-1 & 1\end{bmatrix}^{-1}m\begin{bmatrix}1 & 0\\0 & 1\end{bmatrix}\\
&=\frac{m}{k}\begin{bmatrix}1 & 1\\1 & 2\end{bmatrix}
\end{aligned}
$$

특성방정식 $\det(\lambda[I]-[D])=0$

$$\Rightarrow \det\begin{bmatrix}\lambda-a & -a\\-a & \lambda-2a\end{bmatrix}=0$$

여기서, $a=\dfrac{m}{k}$

$$\Rightarrow \lambda^2-3a\lambda+a^2=0$$

이 방정식의 근은 $\lambda_1=2.618a=2.618\dfrac{m}{k}$, $\lambda_2=0.382a=0.382\dfrac{m}{k}$

$\omega=\sqrt{\dfrac{1}{\lambda}}$ 로 환원하면 고유진동수는 $\omega_1=0.618\sqrt{\dfrac{k}{m}}$, $\omega_2=1.618\sqrt{\dfrac{k}{m}}$

각각의 고유진동수를 고유치방정식$(\lambda[I]-[D])\{\phi\}=\{0\}$ 에 대입한다.

1) 1차 모드형상

$\omega_1=0.618\sqrt{\dfrac{k}{m}}$ 을 치환한 $\lambda_1=2.618\dfrac{m}{k}$ 를 식에 대입하면

$$
\begin{bmatrix}2.618\dfrac{m}{k}-\dfrac{m}{k} & -\dfrac{m}{k}\\ -\dfrac{m}{k} & 2.618\dfrac{m}{k}-2\dfrac{m}{k}\end{bmatrix}\begin{Bmatrix}\phi_{11}\\ \phi_{21}\end{Bmatrix}=0
$$

$$\Rightarrow \frac{m}{k}\begin{bmatrix}1.618 & -1\\-1 & 0.618\end{bmatrix}\begin{Bmatrix}\phi_{11}\\ \phi_{21}\end{Bmatrix}=0$$

여기서, $\{\phi_1\}=\begin{Bmatrix}\phi_{11}\\ \phi_{21}\end{Bmatrix}$은 1차 고유진동수에 대응하는 1차 고유벡터이다.

다음 식은 미지수 2개의 선형 연립방정식으로서 상수항이 0이므로, 각 미지수에 대한 특정해가 존재하지 않고 비례해만 존재한다.

$$\begin{bmatrix}1.618 & -1\\-1 & 0.618\end{bmatrix}\begin{Bmatrix}\phi_{11}\\ \phi_{21}\end{Bmatrix}=0$$

이 식을 전개하면

$$\begin{cases} 1.618\phi_{11} - \phi_{21} = 0 \\ -1\phi_{11} + 0.618\phi_{21} = 0 \end{cases}$$

두 식이 같은 식이 되어 $\phi_{21} = 1$로 놓으면 $\phi_{11} = 1.618$을 구할 수 있고, 벡터로 정리하면

$$\{\phi_1\} = \begin{Bmatrix} 1 \\ 1.618 \end{Bmatrix}$$

2) 2차 모드형상

$\omega_2 = 1.618\sqrt{\dfrac{k}{m}}$ 를 치환한 $\lambda_2 = 0.382\dfrac{m}{k}$ 에 대하여 같은 절차에 따르면

$$\Rightarrow \frac{m}{k}\begin{bmatrix} -0.618 & -1 \\ -1 & -1.618 \end{bmatrix}\begin{Bmatrix} \phi_{12} \\ \phi_{22} \end{Bmatrix} = 0$$

여기서, $\{\phi_2\} = \begin{Bmatrix} \phi_{12} \\ \phi_{22} \end{Bmatrix}$은 2차 고유진동수에 대응하는 2차 고유벡터이다.

$\phi_{12} = 1$로 놓으면 $\phi_{22} = -0.618$을 구할 수 있고, 벡터로 정리하면

$$\{\phi_2\} = \begin{Bmatrix} 1 \\ -0.618 \end{Bmatrix}$$

고유벡터를 모아서 $[\Phi] = [\{\phi_1\}\{\phi_2\} \ \cdots \ \{\phi_n\}]$와 같이 고유벡터행렬을 구성할 수 있다.

$$[\Phi] = \begin{bmatrix} 1 & 1 \\ 1.618 & -0.618 \end{bmatrix}$$

그림으로 그려보면

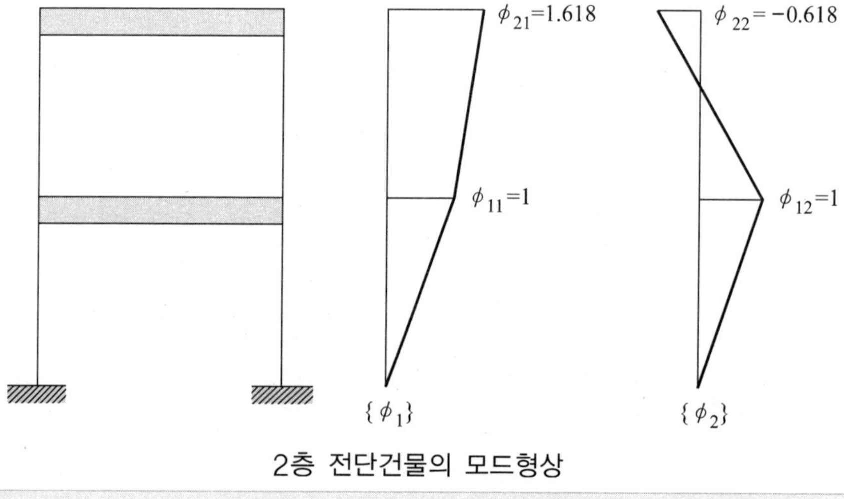

2층 전단건물의 모드형상

예제 2 그림 6.1의 구조물에 대하여 고유진동수와 모드형상을 구하시오.

해설 질량행렬 $[M]=\begin{bmatrix}200 & 0 & 0\\ 0 & 200 & 0\\ 0 & 0 & 200\end{bmatrix}$

강성행렬 $[K]=1\times10^7\begin{bmatrix}3.36 & -1.68 & 0\\ -1.68 & 3.36 & -1.68\\ 0 & -1.68 & 1.68\end{bmatrix}$

$$[D]=[K]^{-1}[M]$$

$$=\begin{bmatrix}3.36\times10^7 & -1.68\times10^7 & 0\\ -1.68\times10^7 & 3.36\times10^7 & -1.68\times10^7\\ 0 & -1.68\times10^7 & 1.68\times10^7\end{bmatrix}^{-1}\begin{bmatrix}200 & 0 & 0\\ 0 & 200 & 0\\ 0 & 0 & 200\end{bmatrix}$$

$$=1\times10^{-4}\begin{bmatrix}0.1190 & 0.1190 & 0.1190\\ 0.1190 & 0.2381 & 0.2381\\ 0.1190 & 0.2381 & 0.3571\end{bmatrix}$$

특성방정식 $\det(\lambda[I]-[D])=0$

$$\Rightarrow \det\begin{bmatrix}\lambda-0.119\times10^{-4} & -0.119\times10^{-4} & -0.119\times10^{-4}\\ -0.119\times10^{-4} & \lambda-0.2381\times10^{-4} & -0.2381\times10^{-4}\\ -0.119\times10^{-4} & -0.2381\times10^{-4} & \lambda-0.3571\times10^{-4}\end{bmatrix}=0$$

※ 참고 $\det\begin{bmatrix}a_{11} & a_{12} & a_{13}\\ a_{21} & a_{22} & a_{23}\\ a_{31} & a_{32} & a_{33}\end{bmatrix}=0$

$$\Leftrightarrow a_{11}(a_{22}a_{33}-a_{23}a_{32})-a_{12}(a_{21}a_{33}-a_{23}a_{31})+a_{13}(a_{21}a_{32}-a_{22}a_{31})=0$$

참고와 같이 방정식을 세우고 풀면

$$\lambda_1=0.6011\times10^{-4},\ \lambda_2=0.07656\times10^{-4},\ \lambda_3=0.03666\times10^{-4}$$

$\omega=\sqrt{\dfrac{1}{\lambda}}$ 로 환원하면 고유진동수는

$$\omega_1=129.0\text{rad/sec},\ \omega_2=361.4\text{rad/sec},\ \omega_3=522.3\text{rad/sec}$$

각각의 고유진동수를 고유치방정식$(\lambda[I]-[D])\{\phi\}=\{0\}$에 대입한다.

1) 1차 모드형상

$\lambda_1=6.01\times10^{-3}$을 $(\lambda[I]-[D])\{\phi\}=\{0\}$ 식에 대입하면,

$$\begin{bmatrix}0.4821\times10^{-4} & -0.1190\times10^{-4} & -0.1190\times10^{-4}\\ -0.1190\times10^{-4} & 0.3631\times10^{-4} & -0.2380\times10^{-4}\\ -0.1190\times10^{-4} & -0.2380\times10^{-4} & 0.2440\times10^{-4}\end{bmatrix}\begin{Bmatrix}\phi_{11}\\ \phi_{21}\\ \phi_{31}\end{Bmatrix}=0$$

위 식에 $\phi_{11}=1$을 대입하고 풀면,

$$\{\phi_1\}=\begin{Bmatrix}1\\ 1.803\\ 2.248\end{Bmatrix}$$

2) 2차 모드형상

$\lambda_2 = 0.07656 \times 10^{-4}$을 $(\lambda[I]-[D])\{\phi\}=\{0\}$ 식에 대입하면

$$\begin{bmatrix} -0.0424\times10^{-4} & -0.119\times10^{-4} & -0.119\times10^{-4} \\ -0.119\times10^{-4} & -0.1615\times10^{-4} & -0.2381\times10^{-4} \\ -0.119\times10^{-4} & -0.2381\times10^{-4} & -0.2805\times10^{-4} \end{bmatrix}\begin{Bmatrix} \phi_{12} \\ \phi_{22} \\ \phi_{32} \end{Bmatrix} = 0$$

$\phi_{12}=1$로 놓고 풀면

$$\{\phi_2\} = \begin{Bmatrix} 1 \\ 0.445 \\ -0.802 \end{Bmatrix}$$

3) 3차 모드형상

$\lambda_3 = 0.03667 \times 10^{-4}$을 $(\lambda[I]-[D])\{\phi\}=\{0\}$ 식에 대입하고 $\phi_{13}=1$로 놓고 풀면

$$\{\phi_3\} = \begin{Bmatrix} 1 \\ -1.247 \\ 0.555 \end{Bmatrix}$$

고유벡터를 모아서 고유벡터행렬을 구성할 수 있다.

$$[\Phi] = \begin{bmatrix} 1 & 1 & 1 \\ 1.802 & 0.445 & -1.247 \\ 2.247 & -0.802 & 0.555 \end{bmatrix}$$

그림으로 표현하면

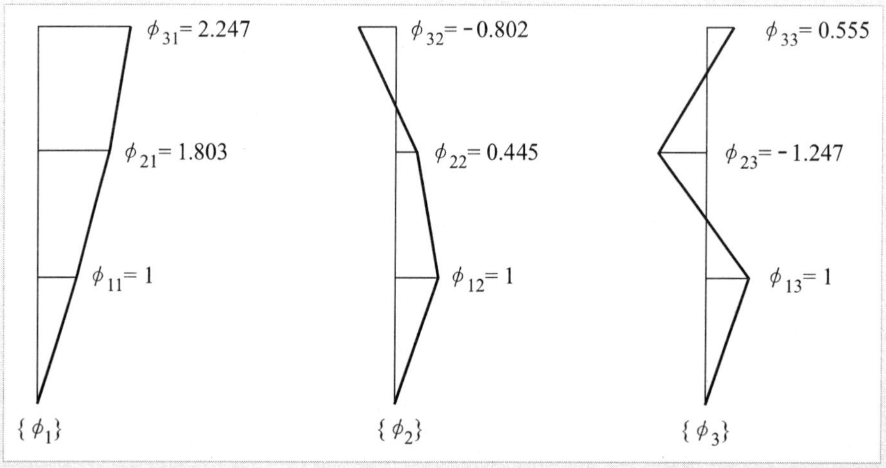

예제 3 다음 그림의 구조물에 대하여 고유진동수와 모드형상을 구하시오. 단, 기둥의 휨강성은 $EI = 3.0 \times 10^7$ N · m²로 동일하다. 또한 $L = 4$ m, $m = 200$ kg이다.

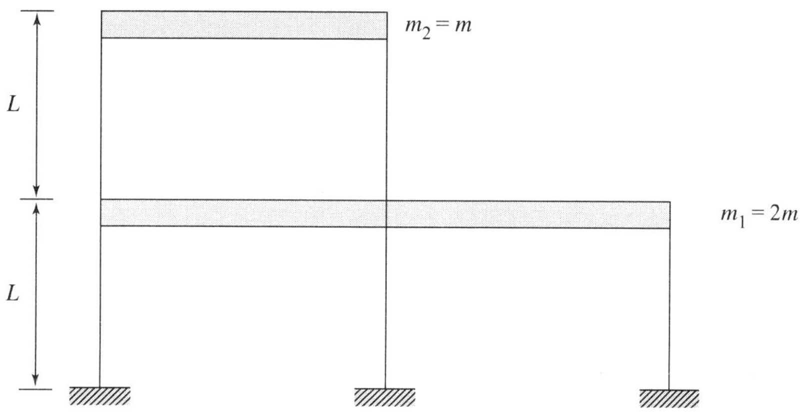

해설 1층의 강성도 $k_1 = 3\dfrac{12EI}{L^3} = 3k$

2층의 강성도 $k_2 = 2\dfrac{12EI}{L^3} = 2k$

여기서, $k = \dfrac{12EI}{L^3} = \dfrac{12 \times 3 \times 10^7}{4^3} = 5.625 \times 10^6 \text{N/m}$

질량행렬 $[M] = m\begin{bmatrix} 2 & 0 \\ 0 & 1 \end{bmatrix}$

강성행렬 $[K] = \begin{bmatrix} k_1 + k_2 & -k_2 \\ -k_2 & k_2 \end{bmatrix} = \begin{bmatrix} 5k & -2k \\ -2k & 2k \end{bmatrix} = k\begin{bmatrix} 5 & -2 \\ -2 & 2 \end{bmatrix}$

$$[D] = [K]^{-1}[M]$$

$$= \frac{1}{k}\begin{bmatrix} 5 & -2 \\ -2 & 2 \end{bmatrix}^{-1} m\begin{bmatrix} 2 & 0 \\ 0 & 1 \end{bmatrix}$$

$$= \frac{m}{k}\frac{1}{6}\begin{bmatrix} 4 & 2 \\ 4 & 5 \end{bmatrix}$$

특성방정식 $(\lambda[I] - [D])\{\phi\} = \{0\}$

$$\Rightarrow \det\begin{bmatrix} \lambda - 2a/3 & -a/3 \\ -2a/3 & \lambda - 5a/6 \end{bmatrix} = 0$$

여기서, $a = \dfrac{m}{k}$

$$\Rightarrow \lambda^2 - \frac{3}{2}a\lambda + \frac{a^2}{3} = 0$$

이 방정식의 근은 $\lambda_1 = 1.2287a = 1.2287\dfrac{m}{k}$

$$\lambda_2 = 0.2713a = 0.2713\frac{m}{k}$$

고유진동수는 $\omega_1 = 0.9021\sqrt{\dfrac{k}{m}} = 0.9021\sqrt{\dfrac{5.625\times 10^6}{200}} = 151.3\,\text{rad/sec}$

$$\omega_2 = 1.9199\sqrt{\frac{k}{m}} = 1.9199\sqrt{\frac{5.625\times 10^6}{200}} = 322.0\,\text{rad/sec}$$

각각의 고유진동수를 고유치방정식$(\lambda[I]-[D])\{\phi\}=\{0\}$에 대입하여 모드형상을 구하면

$$[\Phi] = [\{\phi_1\}\ \{\phi_2\}] = \begin{bmatrix} 1 & 1 \\ 1.6861 & -1.1861 \end{bmatrix}$$

(2) 모드의 직교성

두 고유진동수 ω_i, ω_j와 고유벡터 $\{\phi_i\}$, $\{\phi_j\}$는 다음 식을 만족한다.

$$\omega_i^2[M]\{\phi_i\} = [K]\{\phi_i\}$$
$$\omega_j^2[M]\{\phi_j\} = [K]\{\phi_j\}$$

위의 두 식에 각각 $\{\phi_j\}^T$, $\{\phi_i\}^T$을 앞에서 곱하면

$$\omega_i^2\{\phi_j\}^T[M]\{\phi_i\} = \{\phi_j\}^T[K]\{\phi_i\} \tag{6.1}$$

$$\omega_j^2\{\phi_i\}^T[M]\{\phi_j\} = \{\phi_i\}^T[K]\{\phi_j\} \tag{6.2}$$

식(6.1)을 전치(Transpose)하고 $[M]$과 $[K]$의 대칭성, 즉 $[M]=[M]^T$와 $[K]=[K]^T$을 이용하면

$$\omega_i^2\{\phi_i\}^T[M]\{\phi_j\} = \{\phi_i\}^T[K]\{\phi_j\} \tag{6.3}$$

식(6.3)에서 식(6.2)를 빼면

$$(\omega_i^2-\omega_j^2)\{\phi_i\}^T[M]\{\phi_j\} = \{0\} \tag{6.4}$$

위의 식이 성립하려면 $\omega_i \neq \omega_j$일 때 $\{\phi_i\}^T[M]\{\phi_j\} = \{0\}$이어야 한다.

유사하게 강성행렬에 대한 직교성도 유도된다.

$$\{\phi_i\}[K]\{\phi_j\} = \{0\} \quad (i \neq j)$$

한편, $\omega_i = \omega_j$일 때는

$$\{\phi_i\}^T[M]\{\phi_i\} = \mu_{ii} \quad i = 1, 2, \cdots, n$$
$$\{\phi_i\}^T[K]\{\phi_i\} = \kappa_{ii} \quad i = 1, 2, \cdots, n$$

여기서, μ_{ii} : i번째 일반질량(Generalized Mass)

κ_{ii} : i번째 일반강성도(Generalized Stiffness)

위의 관계들을 한데 묶어 표현하면

$$\{\phi_i\}^T[M]\{\phi_j\} = \mu_{ij}\delta_{ij}$$
$$\{\psi\}_i^T[K]\{\phi\}_j = \kappa_{ij}\delta_{ij}$$

여기서, $\delta_{ij} = \begin{cases} 1 & (i = j) \\ 0 & (i \neq j) \end{cases}$

위의 관계를 모드행렬 $[\Phi]$을 사용하여 표현하면

$$[\Phi]^T[M][\Phi] = [\diagdown \mu \diagdown] = \mathrm{diag}\ (\mu_{11}, \mu_{22}, \cdots, \mu_{nn})$$
$$[\Phi]^T[K][\Phi] = [\diagdown \kappa \diagdown] = \mathrm{diag}\ (\kappa_{11}, \kappa_{22}, \cdots, \kappa_{nn})$$

일반질량과 일반강성도 사이의 관계는 단자유도계의 $\omega^2 = \dfrac{k}{m}$과 유사하게 $\omega_i^2 = \dfrac{\kappa_{ii}}{\mu_{ii}}$의 관계가 성립한다.

일반강성도행렬 $[\diagdown \mu \diagdown]$이 단위행렬 $[I]$가 되도록 고유벡터행렬을 조정하면 전제적으로 관계식이 간단히 정리된다. 이러한 과정을 모드벡터의 정규화라고 한다.

$$[\Psi]^T[M][\Psi] = [I]$$

여기서, $[\Psi] = [\{\psi\}_1 \cdots \{\psi\}_n]$: 정규모드행렬

이 식을 행렬 요소로 표현하면

$$\{\psi_j\}^T[M]\{\psi_j\} = 1$$
$$\{\psi_j\} = \frac{\{\phi_j\}}{\sqrt{\mu_{jj}}}$$

정규모드벡터를 사용한 일반 강성도행렬은

$$\{\psi_j\}^T[K]\{\psi_j\} = \omega_j^2$$

$$[\Psi]^T[K][\Psi] = [\diagdown \omega^2 \diagdown] = diag\ (\omega_1^2,\ \omega_2^2,\ \cdots\ ,\ \omega_n^2)$$

정규모드벡터에 관한 특성은 다음과 같이 정리된다.

$$\{\psi_i\}^T[M]\{\psi_j\} = \delta_{ij}$$

$$\{\psi_i\}^T[K]\{\psi_j\} = \omega_i^2\delta_{ij}$$

예제 4 예제 2에서 구한 모드벡터를 이용하여 정규모드행렬을 구하고 직교성을 확인하시오.

자료 $[M] = \begin{bmatrix} 200 & 0 & 0 \\ 0 & 200 & 0 \\ 0 & 0 & 200 \end{bmatrix}$

$$[K] = 1\times 10^7 \begin{bmatrix} 3.36 & -1.68 & 0 \\ -1.68 & 3.36 & -1.68 \\ 0 & -1.68 & 1.68 \end{bmatrix}$$

$$[\Phi] = \begin{bmatrix} 1 & 1 & 1 \\ 1.802 & 0.445 & -1.247 \\ 2.247 & -0.802 & 0.555 \end{bmatrix}$$

해설

$$\text{diag}\ (\mu_{11},\ \mu_{22},\ \mu_{33}) = [\Phi]^T[M][\Phi]$$

$$= \begin{bmatrix} 1 & 1 & 1 \\ 1.802 & 0.445 & -1.247 \\ 2.247 & -0.802 & 0.555 \end{bmatrix}^T \begin{bmatrix} 200 & 0 & 0 \\ 0 & 200 & 0 \\ 0 & 0 & 200 \end{bmatrix} \begin{bmatrix} 1 & 1 & 1 \\ 1.802 & 0.445 & -1.247 \\ 2.247 & -0.802 & 0.555 \end{bmatrix}$$

$$= 1\times 10^3 \begin{bmatrix} 1.8592 & & \\ & 0.3682 & \\ & & 0.5726 \end{bmatrix}$$

즉, $\mu_{11} = 1.8592\times 10^3$, $\mu_{22} = 0.3682\times 10^3$, $\mu_{33} = 0.5726\times 10^3$

$$\{\psi_1\} = \frac{\{\phi_1\}}{\sqrt{\mu_{11}}} = \frac{1}{\sqrt{1.8592\times 10^3}} \begin{Bmatrix} 1 \\ 1.802 \\ 2.247 \end{Bmatrix} = \begin{Bmatrix} 0.0232 \\ 0.0418 \\ 0.0521 \end{Bmatrix}$$

$$\{\psi_2\} = \frac{\{\phi_2\}}{\sqrt{\mu_{21}}} = \frac{1}{\sqrt{0.3682\times 10^3}} \begin{Bmatrix} 1 \\ 0.445 \\ -0.802 \end{Bmatrix} = \begin{Bmatrix} 0.0521 \\ 0.0232 \\ -0.0418 \end{Bmatrix}$$

$$\{\psi_3\} = \frac{\{\phi_3\}}{\sqrt{\mu_{33}}} = \frac{1}{\sqrt{0.5736\times 10^3}} \begin{Bmatrix} 1 \\ -1.247 \\ 0.555 \end{Bmatrix} = \begin{Bmatrix} 0.0418 \\ -0.0521 \\ 0.0232 \end{Bmatrix}$$

$$정규모드행렬\ [\Psi]=[\{\psi_1\}\{\psi_2\}\{\psi_3\}]=\begin{bmatrix}0.0232 & 0.0521 & 0.0418\\0.0418 & 0.0232 & -0.0521\\0.0521 & -0.0418 & 0.0232\end{bmatrix}$$

직교성 확인을 위해 아래식이 되는지 알아보자.

$$[\Psi]^T[M][\Psi]=[I]$$

$$[\Psi]^T[K][\Psi]=[\diagdown\omega^2\diagdown]=\text{diag}\ (\omega_1^2,\ \omega_2^2,\ \cdots,\ \omega_n^2)$$

$$[\Psi]^T[M][\Psi]=\begin{bmatrix}0.0232 & 0.0521 & 0.0418\\0.0418 & 0.0232 & -0.0521\\0.0521 & -0.0418 & 0.0232\end{bmatrix}^T\begin{bmatrix}200 & 0 & 0\\0 & 200 & 0\\0 & 0 & 200\end{bmatrix}\begin{bmatrix}0.0232 & 0.0521 & 0.0418\\0.0418 & 0.0232 & -0.0521\\0.0521 & -0.0418 & 0.0232\end{bmatrix}$$

$$=\begin{bmatrix}1 & 0 & 0\\0 & 1 & 0\\0 & 0 & 1\end{bmatrix}$$

$$[\Psi]^T[K][\Psi]=\begin{bmatrix}0.0232 & 0.0521 & 0.0418\\0.0418 & 0.0232 & -0.0521\\0.0521 & -0.0418 & 0.0232\end{bmatrix}^T\begin{bmatrix}3.36\times10^7 & -1.68\times10^7 & 0\\-1.68\times10^7 & 3.68\times10^7 & -1.68\times10^7\\0 & -1.68\times10^7 & 1.68\times10^7\end{bmatrix}\begin{bmatrix}0.0232 & 0.0521 & 0.0418\\0.0418 & 0.0232 & -0.0521\\0.0521 & -0.0418 & 0.0232\end{bmatrix}$$

$$=1\times10^5\begin{bmatrix}0.1664 & 0 & 0\\0 & 1.3062 & 0\\0 & 0 & 2.7275\end{bmatrix}$$

6.3 비감쇠 다자유도계의 응답

(1) 비감쇠 다자유도계의 강제진동

비감쇠 n자유도계의 강제진동 운동방정식은

$$[M]\ \{\ddot{x}(t)\}+[K]\{x(t)\}=\{F(t)\} \tag{6.5}$$

여기서, $[M]$: 질량행렬($n\times n$)

$[K]$: 강성도행렬($n\times n$)

$\{x(t)\}$: 변위벡터($n\times 1$)

$\{F(t)\}$: 외력벡터($n\times 1$)

고유벡터의 직교성은 고유벡터가 서로 선형독립이라는 의미이고, 임의의 $(n \times 1)$ 벡터는 서로 선형독립인 n개의 고유벡터의 선형조합으로 표현될 수 있다는 의미이다. 아래와 같이 $(n \times 1)$ 벡터인 변위벡터 $\{x(t)\}$는 선형독립인 n개의 고유벡터($\{\phi_1\}, \{\phi_2\}, \cdots, \{\phi_n\}$)의 조합으로 표현할 수 있다.

$$\{x(t)\} = \{\phi_1\} z_1(t) + \{\phi_2\} z_2(t) + \cdots + \{\phi_n\} z_n(t) \tag{6.6}$$

선형조합의 계수에 해당하는 $z_i(t)$는 모드좌표(Modal coordinates)라고 한다. 여기서, $\{x(t)\}$는 n개의 성분으로 구성된 다자유도계의 실제 기하좌표계이다. 그런데 이러한 n자유도 문제를 각각 단자유도계인 $z_i(t)$ 좌표에서 해를 구한 후 고유벡터를 이용하여 조합하면 된다는 의미이다. 그러한 사실을 아래에서 보이고자 한다.

식(6.6)을 식(6.5)에 대입하면

$$[M]\left(\sum_{i=1}^{n} \{\phi_i\} \ddot{z}_i(t)\right) + [K]\left(\sum_{i=1}^{n} \{\phi_i\} z_i(t)\right) = \{F(t)\}$$

이 된다. 양변에 $\{\phi_j\}^T$를 앞에서 곱하면

$$\{\phi_j\}^T[M]\left(\sum_{i=1}^{n} \{\phi_i\} \ddot{z}_i(t)\right) + \{\phi\}_j^T[K]\left(\sum_{i=1}^{n} \{\phi_i\} z_i(t)\right) = \{\phi_j\}^T F(t)$$

가 된다. 모드의 직교성에 의하여 $i \neq j$일 때 $\{\phi_i\}^T[M]\{\phi_j\} = 0$, $\{\phi_i\}^T[K]\{\phi_j\} = 0$이므로 $i = j$인 항만 남게 되어

$$\{\phi_j\}^T[M]\{\phi_j\}\ddot{z}_j(t) + \{\phi_j\}^T[K]\{\phi_j\} z_j(t) = \{\phi_j\}^T F(t)$$

이고, $\{\phi_j\}^T[M]\{\phi_j\} = \mu_{jj}$, $\{\phi_j\}^T[K]\{\phi_j\} = \kappa_{jj}$ 이므로

$$\mu_{jj} \ddot{z}_j(t) + \kappa_{jj} z_j(t) = \{\phi_j\}^T F(t)$$

와 같이 되고, 양변을 μ_{jj}로 나누면

$$\ddot{z}_j(t) + \frac{\kappa_{jj}}{\mu_{jj}} z_j(t) = \frac{1}{\mu_{jj}} \{\phi_j\}^T F(t)$$

이고, $\dfrac{k_{jj}}{\mu_{jj}} = \omega_j^2$이므로

$$\ddot{z}_j(t) + \omega_j^2 z_j(t) = Q_j(t)$$

여기서 $Q_j(t) = \dfrac{1}{\mu_{jj}} \{\phi_j\}^T F(t)$

무의미 인수(Dummy argument) j를 i로 바꾸면

$$\ddot{z}_i(t) + \omega_i^2 z_i(t) = Q_i(t) \tag{6.7}$$

여기서, $Q_i(t) = \dfrac{1}{\mu_{ii}} \{\phi_i\}^T F(t)$

식(6.5)와 같은 미분방정식은 n개의 방정식이 서로 연계된 방정식이지만, 모드의 직교성을 사용하면 n개의 서로 '비연계된 단자유도계 방정식'을 얻을 수 있다. 단자유도계 방정식의 해는 이미 구하였으므로 구해진 단자유도계의 해를 식(6.6)으로 조합하면 다자유도계의 해를 구할 수 있는 것이다.

위의 과정을 행렬 연산으로 표현하고, 미분방정식

$$[M]\{\ddot{x}(t)\} + [K]\{x(t)\} = \{F(t)\}$$

에 선형관계식$\{x(t)\} = [\Phi]\{z(t)\}$을 대입하면

$$[M][\Phi]\{\ddot{z}(t)\} + [K][\Phi]\{z(t)\} = \{F(t)\}$$

이 된다.

이 식에 $[\Phi]^T$을 앞에서 곱하면

$$[\Phi]^T[M][\Phi]\{\ddot{z}(t)\} + [\Phi]^T[K][\Phi]\{z(t)\} = [\Phi]^T\{F(t)\}$$

여기서, $[\Phi]^T[M][\Phi] = [\diagdown \mu \diagdown]$이고, $[\Phi]^T[K][\Phi] = [\diagdown \kappa \diagdown]$이므로

$$[\diagdown \mu \diagdown][\{\ddot{z}(t)\} + [\diagdown \kappa \diagdown]\{z(t)\} = [\Phi]^T\{F(t)\}$$

$[\diagdown \mu \diagdown]^{-1}$을 앞에서 곱하면

$$[\diagdown\mu\diagdown]^{-1}[\diagdown\mu\diagdown]\{\ddot{z}(t)\}+[\diagdown\mu\diagdown]^{-1}[\diagdown\kappa\diagdown]\{z(t)\}=[\diagdown\mu\diagdown]^{-1}[\Phi]^T\{F(t)\}$$

$$\Rightarrow \{\ddot{z}(t)\}+[\diagdown\omega^2\diagdown]\{z(t)\}=[\diagdown\mu\diagdown]^{-1}[\Phi]^T\{F(t)\}$$

모드행렬 $[\Phi]$ 대신 정규모드행렬 $[\Psi]$을 사용하여 위의 비연계화 과정을 수행할 수도 있다. 변위벡터를 모드벡터를 사용해 전개하는 과정에서 정규모드행렬을 사용하면 $\{x(t)\}=[\Psi]\{q(t)\}$이 된다. 이 식은 $\{x(t)\}=[\Phi]\{z(t)\}$과 형태는 같으나 모드행렬이 바뀌었기 때문에 모드좌표도 다른 모드좌표 $\{q(t)\}$를 사용해야 한다.

해당 관계식을 미분방정식에 대입하면

$$[M][\Psi]\{\ddot{q}(t)\}+[K][\Psi]\{q(t)\}=\{F(t)\}$$

이 된다. 이 식에 $[\Psi]^T$을 앞에서 곱하면

$$[\Psi]^T[M][\Psi]\{\ddot{q}(t)\}+[\Psi]^T[K][\Psi]\{q(t)\}=[\Psi]^T\{F(t)\}$$

여기서, $[\Psi]^T[M][\Psi]=[I]$이고, $[\Psi]^T[K][\Psi]=[\diagdown\omega^2\diagdown]$이므로

$$\{\ddot{q}(t)\}+[\diagdown\omega^2\diagdown]\{q(t)\}=[\Psi]^T\{F(t)\}$$

예제 5 다음 그림의 비감쇠 전단건물에 대하여 고유치해석을 하고, 주어진 외력에 대한 정상상태응답을 구하시오. 각 층의 강성도 $k_1=k_2=10$ N/m, 각 층의 질량 $m_1=m_2=1$ kg, 외력 $F_1(t)=3\sin 5t$ N, $F_2(t)=4\sin 5t$ N이다.

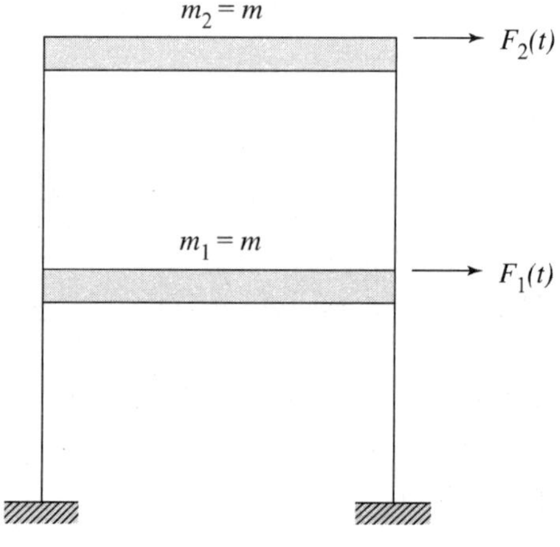

해설 질량행렬 $[M]=\begin{bmatrix}1 & 0\\0 & 1\end{bmatrix}$

강성행렬 $[K]=\begin{bmatrix}20 & -10\\-10 & 10\end{bmatrix}$

$$[D]=[K]^{-1}[M]$$

$$=\begin{bmatrix}20 & -10\\-10 & 10\end{bmatrix}\begin{bmatrix}1 & 0\\0 & 1\end{bmatrix}$$

$$=\begin{bmatrix}0.1 & 0.1\\0.1 & 0.2\end{bmatrix}$$

고유치해석을 통해 모드행렬을 구하면

$$[\Phi]=[\{\phi_1\}\ \{\phi_2\}]=\begin{bmatrix}1 & 1\\1.618 & -0.618\end{bmatrix}$$

$$\begin{bmatrix}\mu_{11} & 0\\0 & \mu_{22}\end{bmatrix}=[\Phi]^T[M]\,[\Phi]$$

$$=\begin{bmatrix}1 & 1\\1.618 & -0.618\end{bmatrix}^T\begin{bmatrix}1\,0\\0\,1\end{bmatrix}\begin{bmatrix}1 & 1\\1.618 & -0.618\end{bmatrix}$$

$$=\begin{bmatrix}3.618 & 0\\0 & 1.382\end{bmatrix}$$

$$\begin{bmatrix}\kappa_{11} & 0\\0 & \kappa_{22}\end{bmatrix}=[\Phi]^T[K]\,[\Phi]$$

$$=\begin{bmatrix}1 & 1\\1.618 & -0.618\end{bmatrix}^T\begin{bmatrix}20 & -10\\-10 & 10\end{bmatrix}\begin{bmatrix}1 & 1\\1.618 & -0.618\end{bmatrix}$$

$$=\begin{bmatrix}13.82 & 0\\0 & 36.18\end{bmatrix}$$

$$[\diagdown\omega^2\diagdown]=[\diagdown\mu\diagdown]^{-1}[\diagdown\kappa\diagdown]=\begin{bmatrix}3.618 & 0\\0 & 1.382\end{bmatrix}^{-1}\begin{bmatrix}13.82 & 0\\0 & 36.18\end{bmatrix}$$

$$=\begin{bmatrix}13.82/3.618 & 0\\0 & 36.18/1.382\end{bmatrix}$$

$$=\begin{bmatrix}3.820 & 0\\0 & 26.18\end{bmatrix}$$

$$[\diagdown\mu\diagdown]^{-1}[\Phi]^T\{F(t)\}=\begin{bmatrix}3.618 & 0\\0 & 1.382\end{bmatrix}^{-1}\begin{bmatrix}1 & 1\\1.618 & -0.618\end{bmatrix}^T\begin{bmatrix}3\sin 5t\\4\sin 5t\end{bmatrix}$$

$$=\begin{bmatrix}2.618\sin 5t\\0.382\sin 5t\end{bmatrix}$$

비연계된 운동방정식 $\{\ddot{z}(t)\}+[\diagdown\omega^2\diagdown]\{z(t)\}=[\diagdown\mu\diagdown]^{-1}[\Phi]^T\{F(t)\}$

$$\Rightarrow\begin{Bmatrix}\ddot{z}_1(t)\\ \ddot{z}_2(t)\end{Bmatrix}+\begin{bmatrix}3.820 & 0\\0 & 26.18\end{bmatrix}\begin{Bmatrix}z_1(t)\\z_2(t)\end{Bmatrix}=\begin{Bmatrix}2.618\sin 5t\\0.382\sin 5t\end{Bmatrix}$$

$$\Rightarrow\begin{cases}z_1(t)+3.820z_1(t)=2.618\sin 5t\\z_2(t)+26.18z_2(t)=0.382\sin 5t\end{cases}$$

단자유도계 비감쇠계의 정상상태의 응답은 3장에서 다음과 같이 유도되었다.

$$m\ddot{x} + kx = F_0 \sin(\bar{\omega} t) \;:\; \text{운동방정식}$$

$$x_s(t) = \frac{F_0/k}{1-r^2} \sin \bar{\omega} t \;:\; \text{정상 상태 응답}$$

$$\text{여기서, } r = \frac{\bar{\omega}}{\omega}$$

이 결과를 사용하여 위의 2개 방정식의 정상상태 응답을 구한다.

$z_1(t)$의 정상상태 응답

$$\omega = \sqrt{\frac{k}{m}} = \sqrt{\frac{3.820}{1}} = 1.95\,\text{rad/sec}$$

$$r = \frac{\bar{\omega}}{\omega} = \frac{5}{1.95} = 2.56$$

$$z_1(t) = \frac{2.618/3.820}{1-2.56^2} \sin 5t = -0.1236 \sin 5t$$

$z_2(t)$의 정상상태 응답

$$\omega = \sqrt{\frac{k}{m}} = \sqrt{\frac{26.18}{1}} = 5.12\,\text{rad/sec}$$

$$r = \frac{\bar{\omega}}{\omega} = \frac{5}{5.12} = 0.9766$$

$$z_2(t) = \frac{0.382/26.18}{1-0.9766^2} \sin 5t = 0.3145 \sin 5t$$

모드좌표 해를 실제 좌표로 환원

$$\{x(t)\} = [\Phi]\{z(t)\} \;\Rightarrow\; \begin{Bmatrix} x_1(t) \\ x_2(t) \end{Bmatrix} = \begin{bmatrix} 1 & 1 \\ 1.618 & -0.618 \end{bmatrix} \begin{Bmatrix} -0.1236\sin 5t \\ 0.3145\sin 5t \end{Bmatrix}$$

$$\Rightarrow\; \begin{Bmatrix} x_1(t) \\ x_2(t) \end{Bmatrix} = \begin{Bmatrix} 0.1909\sin 5t \\ -0.3944\sin 5t \end{Bmatrix}$$

구한 결과를 그래프로 그리면 다음과 같다.

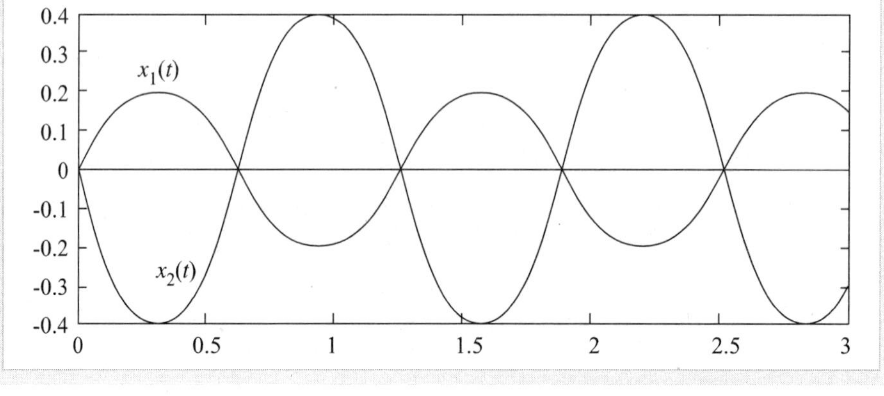

예제 6 예제 5를 정규모드행렬을 사용하여 구해보시오.

해설 예제 5에서 구한 모드행렬과 일반질량행렬

$$[\Phi] = \begin{bmatrix} 1 & 1 \\ 1.618 & -0.618 \end{bmatrix}$$

$$\begin{bmatrix} \mu_{11} & 0 \\ 0 & \mu_{22} \end{bmatrix} = [\Phi]^T[M][\Phi] = \begin{bmatrix} 3.618 & 0 \\ 0 & 1.382 \end{bmatrix}$$

을 사용하여 정규행렬을 구하면

$$\{\psi_1\} = \frac{\{\psi_1\}}{\sqrt{\mu_{11}}} = \frac{1}{\sqrt{3.618}} \begin{Bmatrix} 1 \\ 1.618 \end{Bmatrix} = \begin{Bmatrix} 0.5257 \\ 0.8507 \end{Bmatrix}$$

$$\{\psi_2\} = \frac{\{\psi_2\}}{\sqrt{\mu_{22}}} = \frac{1}{\sqrt{1.382}} \begin{Bmatrix} 1 \\ -0.618 \end{Bmatrix} = \begin{Bmatrix} 0.8507 \\ -0.5257 \end{Bmatrix}$$

$$\therefore \ [\Psi] = \begin{bmatrix} 0.5257 & 0.8507 \\ 0.8507 & -0.5257 \end{bmatrix}$$

직교성 확인

$$[\Psi]^T[M][\Psi] = \begin{bmatrix} 0.5257 & 0.8507 \\ 0.8507 & -0.5257 \end{bmatrix}^T \begin{bmatrix} 1 & 0 \\ 0 & 1 \end{bmatrix} \begin{bmatrix} 0.5257 & 0.8507 \\ 0.8507 & -0.5257 \end{bmatrix}$$

$$= \begin{bmatrix} 1 & 0 \\ 0 & 1 \end{bmatrix} = [I]$$

고유진동수 계산

$$[\Psi]^T[K][\Psi] = \begin{bmatrix} \omega_1^2 & 0 \\ 0 & \omega_2^2 \end{bmatrix}$$

$$= \begin{bmatrix} 0.5257 & 0.8507 \\ 0.8507 & -0.5257 \end{bmatrix}^T \begin{bmatrix} 20 & -10 \\ -10 & 10 \end{bmatrix} \begin{bmatrix} 0.5257 & 0.8507 \\ 0.8507 & -0.5257 \end{bmatrix}$$

$$= \begin{bmatrix} 3.820 & 0 \\ 0 & 26.18 \end{bmatrix}$$

$$[\Psi]^T\{F(t)\} = \begin{bmatrix} 0.5257 & 0.8507 \\ 0.8507 & -0.5257 \end{bmatrix} \begin{bmatrix} 3\sin 5t \\ 4\sin 5t \end{bmatrix}$$

$$= \begin{bmatrix} 4.980\sin 5t \\ 0.449\sin 5t \end{bmatrix}$$

비연계된 운동방정식

$$\Rightarrow \ \{\ddot{q}(t)\} + [\diagdown \omega^2 \diagdown]\{q(t)\} = [\Psi]^T\{F(t)\}$$

$$\Rightarrow \begin{Bmatrix} \ddot{q}_1(t) \\ \ddot{q}_2(t) \end{Bmatrix} + \begin{bmatrix} 3.820 & 0 \\ 0 & 26.18 \end{bmatrix} \begin{Bmatrix} q_1(t) \\ q_2(t) \end{Bmatrix} = \begin{Bmatrix} 4.980\sin 5t \\ 0.449\sin 5t \end{Bmatrix}$$

$$\Rightarrow \begin{cases} \ddot{q}_1(t) + 3.820q_1(t) = 4.980\sin 5t \\ \ddot{q}_2(t) + 26.18q_2(t) = 0.449\sin 5t \end{cases}$$

단자유도계 비감쇠계의 정상상태의 응답 $x_s(t) = \dfrac{F_0/k}{1-r^2}\sin\bar{\omega}t$를 사용하여 다음을 구한다.

$q_1(t)$의 정상상태 응답

$$\omega = \sqrt{\frac{k}{m}} = \sqrt{\frac{3.820}{1}} = 1.95\,\text{rad/sec}$$

$$r = \frac{\bar{\omega}}{\omega} = \frac{5}{1.95} = 2.56$$

$$q_1(t) = \frac{4.980/3.820}{1-2.56^2}\sin 5t = -0.2351\sin 5t$$

$z_2(t)$의 정상상태 응답

$$\omega = \sqrt{\frac{k}{m}} = \sqrt{\frac{26.18}{1}} = 5.12\,\text{rad/sec}$$

$$r = \frac{\bar{\omega}}{\omega} = \frac{5}{5.12} = 0.9766$$

$$q_2(t) = \frac{0.449/26.18}{1-0.9766^2}\sin 5t = 0.3698\sin 5t$$

정규모드좌표 해를 실제좌표로 환원

$$\{x(t)\} = [\Psi]\{q(t)\} \quad \Rightarrow \begin{Bmatrix} x_1(t) \\ x_2(t) \end{Bmatrix} = \begin{bmatrix} 0.5257 & 0.8507 \\ 0.8507 & -0.5257 \end{bmatrix} \begin{Bmatrix} -0.2351\sin 5t \\ 0.3980\sin 5t \end{Bmatrix}$$

$$\Rightarrow \begin{Bmatrix} x_1(t) \\ x_2(t) \end{Bmatrix} = \begin{Bmatrix} 0.1909\sin 5t \\ -0.3944\sin 5t \end{Bmatrix}$$

예제 5에서 구한 응답과 동일한 결과이다.

예제 7 다음 그림의 비감쇠 전단건물에 대하여 고유치해석을 하고, 주어진 외력에 대한 비연계 운동방정식을 구하시오.

각 층의 강성도 $k_1 = k_2 = k_3 = 10$ N/m

각 층의 질량 $m = 1$ kg

외력 $F_1(t) = 2\sin 3t$ N

$F_2(t) = 4\sin 5t$ N

$F_3(t) = 6\sin 7t$ N

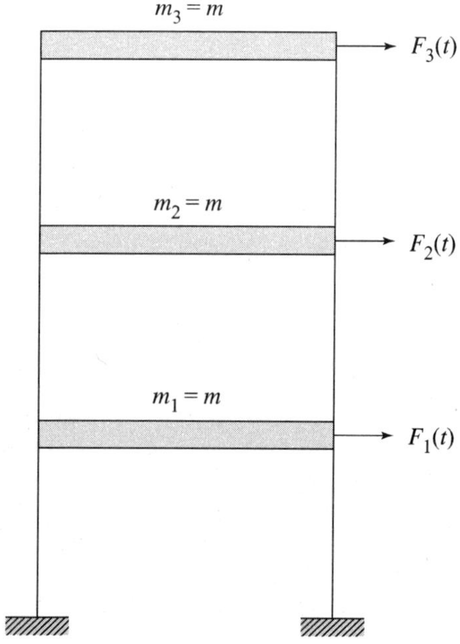

해설

질량행렬 $[M] = \begin{bmatrix} 1 & 0 & 0 \\ 0 & 1 & 0 \\ 0 & 0 & 1 \end{bmatrix}$

강성행렬 $[K] = \begin{bmatrix} 20 & -10 & 0 \\ -10 & 20 & -10 \\ 0 & -10 & 10 \end{bmatrix}$

고유치해석을 통해 모드행렬을 구하면

$$[\Phi] = \begin{bmatrix} 1.000 & 1.000 & 1.000 \\ 1.802 & 0.445 & -1.247 \\ 2.247 & -0.802 & 0.555 \end{bmatrix}$$

$$\begin{bmatrix} \mu_{11} & 0 & 0 \\ 0 & \mu_{22} & 0 \\ 0 & 0 & \mu_{33} \end{bmatrix} = [\Phi]^T[M][\Phi]$$

$$= \begin{bmatrix} 1.000 & 1.000 & 1.000 \\ 1.802 & 0.445 & -1.247 \\ 2.247 & -0.802 & 0.555 \end{bmatrix}^T \begin{bmatrix} 1 & 0 & 0 \\ 0 & 1 & 0 \\ 0 & 0 & 1 \end{bmatrix} \begin{bmatrix} 1.000 & 1.000 & 1.000 \\ 1.802 & 0.445 & -1.247 \\ 2.247 & -0.802 & 0.555 \end{bmatrix}$$

$$= \begin{bmatrix} 9.296 & 0 & 0 \\ 0 & 1.841 & 0 \\ 0 & 0 & 2.863 \end{bmatrix}$$

정규행렬을 구하면

$$\{\psi_1\} = \frac{\{\psi_1\}}{\sqrt{\mu_{11}}} = \frac{1}{\sqrt{9.296}} \begin{Bmatrix} 1.000 \\ 1.802 \\ 2.247 \end{Bmatrix} = \begin{Bmatrix} 0.328 \\ 0.591 \\ 0.737 \end{Bmatrix}$$

$$\{\psi_2\} = \frac{\{\psi_2\}}{\sqrt{\mu_{22}}} = \frac{1}{\sqrt{1.841}} \begin{Bmatrix} 1.000 \\ 0.445 \\ -0.802 \end{Bmatrix} = \begin{Bmatrix} 0.737 \\ 0.328 \\ -0.591 \end{Bmatrix}$$

$$\{\psi_3\} = \frac{\{\psi_3\}}{\sqrt{\mu_{33}}} = \frac{1}{\sqrt{2.863}} \begin{Bmatrix} 1.000 \\ -1.247 \\ 0.555 \end{Bmatrix} = \begin{Bmatrix} 0.591 \\ -0.737 \\ 0.328 \end{Bmatrix}$$

$$\therefore\ [\Psi] = \begin{bmatrix} 0.328 & 0.737 & 0.591 \\ 0.591 & 0.328 & -0.737 \\ 0.737 & -0.591 & 0.328 \end{bmatrix}$$

직교성 확인

$$[\Psi]^T[M][\Psi] = \begin{bmatrix} 0.328 & 0.737 & 0.591 \\ 0.591 & 0.328 & -0.737 \\ 0.737 & -0.591 & 0.328 \end{bmatrix}^T \begin{bmatrix} 1 & 0 & 0 \\ 0 & 1 & 0 \\ 0 & 0 & 1 \end{bmatrix} \begin{bmatrix} 0.328 & 0.737 & 0.591 \\ 0.591 & 0.328 & -0.737 \\ 0.737 & -0.591 & 0.328 \end{bmatrix}$$

$$= \begin{bmatrix} 1 & 0 & 0 \\ 0 & 1 & 0 \\ 0 & 0 & 1 \end{bmatrix}$$

고유진동수 계산

$$\begin{bmatrix} \omega_1^2 & 0 & 0 \\ 0 & \omega_2^2 & 0 \\ 0 & 0 & \omega_3^2 \end{bmatrix} = [\Psi]^T[K][\Psi]$$

$$= \begin{bmatrix} 0.328 & 0.737 & 0.591 \\ 0.591 & 0.328 & -0.737 \\ 0.737 & -0.591 & 0.328 \end{bmatrix}^T \begin{bmatrix} 20 & 10 & 0 \\ -10 & 20 & -10 \\ 0 & -10 & 10 \end{bmatrix} \begin{bmatrix} 0.328 & 0.737 & 0.591 \\ 0.591 & 0.328 & -0.737 \\ 0.737 & -0.591 & 0.328 \end{bmatrix}$$

$$= \begin{bmatrix} 1.98 & 0 & 0 \\ 0 & 15.55 & 0 \\ 0 & 0 & 32.47 \end{bmatrix}$$

$$[\Psi]^T \begin{Bmatrix} F_1(t) \\ F_2(t) \\ F_3(t) \end{Bmatrix} = \begin{bmatrix} 0.328 & 0.737 & 0.591 \\ 0.591 & 0.328 & -0.737 \\ 0.737 & -0.591 & 0.328 \end{bmatrix}^T \begin{Bmatrix} 2\sin 3t \\ 4\sin 5t \\ 6\sin 7t \end{Bmatrix}$$

$$= \begin{Bmatrix} 0.6560\sin 3t + 2.364\sin 5t + 4.4219\sin 7t \\ 1.4740\sin 3t + 1.3119\sin 5t - 3.5461\sin 7t \\ 1.1820\sin 3t - 2.9479\sin 5t + 1.9679\sin 7t \end{Bmatrix}$$

비연계 운동방정식

$$\{\ddot{q}(t)\} + [\diagdown \omega^2 \diagdown]\{q(t)\} = [\Psi]^T\{F(t)\}$$

$$\ddot{q}_1(t) + 1.98q_1(t) = 0.6560\sin 3t + 2.364\sin 5t + 4.4219\sin 7t$$

$$\ddot{q}_2(t) + 15.55q_2(t) = 1.4740\sin 3t + 1.3119\sin 5t - 3.5461\sin 7t$$

$$\ddot{q}_3(t) + 32.47q_3(t) = 1.1820\sin 3t - 2.9479\sin 5t + 1.9679\sin 7t$$

(2) 비감쇠 다자유도계의 자유진동

비감쇠 다자유도계의 자유진동응답은 외력 $\{F(t)\}$을 0으로 하고 초기조건에 의한 진동을 구하면 된다. 즉, 자유진동에 대한 운동방정식은

$$[M]\ \{\ddot{x}(t)\} +\ [K][\{x(t)\} = \{0\}$$

초기조건 $\{x(0)\}$, $\{\dot{x}(0)\}$

이며, 일반모드벡터 $\{x(t)\} = \sum_{i=1}^{n} \{\phi_i(t)\}\, z_i(t)$를 사용하여 비연계 과정을 거치면

$$\{\ddot{z}(t)\} + [\diagdown \omega^2 \diagdown]\{z(t)\} = \{0\}$$

이고, 벡터를 풀어 쓰면

$$\ddot{z}_i(t) + \omega_i^2\, z_i(t) = 0 \quad (i = 1,\ \cdots\ ,\ n)$$

이다.

즉, 단자유도계의 자유진동응답 결과

$$z_i(t) = z_i(0)\cos\omega_i t + \frac{\dot{z}_i(0)}{\omega_i}\sin\omega_i t$$

여기서, $z_i(0)$, $\dot{z}_i(0)$는 모드좌표에서의 초기조건이다. 모드좌표 변위 $z_i(t)$를 구하고, $\{x(t)\} = \sum_{i=1}^{n}\{\phi_i(t)\}\, z_i(t)$를 이용하여 실제좌표계의 응답을 구하면 된다. 이때, 실제 좌표계에서 주어지는 초기조건을 사용하여 모드 좌표에서의 초기조건을 구해야 한다.

실제좌표와 모드좌표와의 관계식에 $t=0$을 대입한 식 $\{x(0)\}=[\varPhi]\{z(0)\}$에서 모드좌표의 초기조건을 구할 수 있다.

$$\{z(0)\} = [\varPhi]^{-1}\{x(0)\}$$

유사하게 모드좌표의 속도 초기조건을 구할 수 있다

$$\{\dot{z}(t)\} = [\varPhi]^{-1}\{\dot{x}(t)\}$$

예제 8 질량을 무시할 수 있는 내민보에 집중질량 2개가 있는 다음 그림의 구조물을 두 질량의 수직변위를 자유도로 하는 2자유도 시스템으로 모델링하고, 아래의 초기조건에 대한 자유진동응답을 구하시오.

단, $\dfrac{48\,\mathrm{EI}}{23L^3} = 1\,\mathrm{N/m}$, $m_1 = 2\,\mathrm{kg}$, $m_2 = 1\,\mathrm{kg}$

초기조건 $x_1(0) = x_0$, $x_2(0) = -2x_0$, $\dot{x}_1(0) = \dot{x}_2(0) = 0$

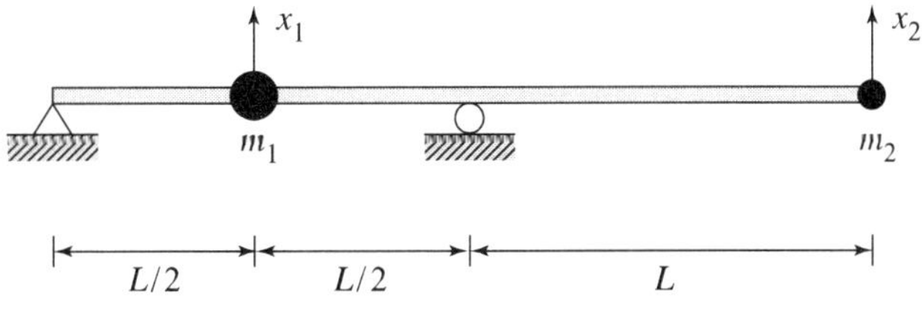

해설 유연도 행렬 : 유연도 행렬을 먼저 구하여 역행렬을 취해 강성도행렬을 구한다.
유연도 행렬($[Y]$)을 구하기 위해 각 자유도에 하중을 부여하여 변위(처짐)을 구하면 다음과 같다.

(1) 하중 P_1

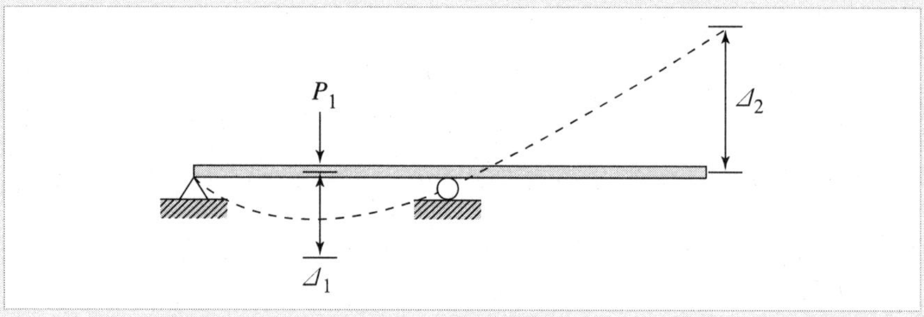

$$\Delta_1 = \frac{P_1 L^3}{48\,\mathrm{EI}}, \quad \Delta_2 = -\frac{P_1 L^3}{16\,\mathrm{EI}}$$

(2) 하중 P_2

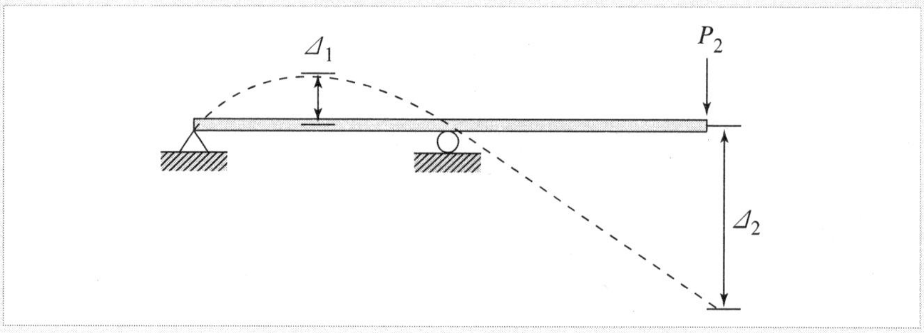

$$\Delta_1 = -\frac{P_2 L^3}{16\,\mathrm{EI}} \quad \Delta_2 = \frac{2P_2 L^3}{3\,\mathrm{EI}}$$

$$\begin{Bmatrix} \Delta_1 \\ \Delta_2 \end{Bmatrix} = \frac{L^3}{\mathrm{EI}} \begin{bmatrix} \frac{1}{48} & -\frac{1}{16} \\ -\frac{1}{16} & \frac{2}{3} \end{bmatrix} \begin{Bmatrix} P_1 \\ P_2 \end{Bmatrix}$$

$$[Y] = \frac{L^3}{\mathrm{EI}} \begin{bmatrix} \frac{1}{48} & -\frac{1}{16} \\ -\frac{1}{16} & \frac{2}{3} \end{bmatrix} = \frac{L^3}{48\,\mathrm{EI}} \begin{bmatrix} 1 & -3 \\ -3 & 32 \end{bmatrix}$$

$$[K] = [Y]^{-1} = \frac{48\,\mathrm{EI}}{23L^3} \begin{bmatrix} 32 & 3 \\ 3 & 1 \end{bmatrix}$$

여기서, $\dfrac{48\,\mathrm{EI}}{23L^3} = 1\,\mathrm{N/m}$ 이므로

$$[K] = \begin{bmatrix} 32 & 3 \\ 3 & 1 \end{bmatrix}$$

$$[M] = \begin{bmatrix} m_1 & 0 \\ 0 & m_2 \end{bmatrix} = \begin{bmatrix} 2 & 0 \\ 0 & 1 \end{bmatrix}$$

고유치해석 결과

$$[\Phi] = [\{\phi_1\}\ \{\phi_2\}]$$

$$= \begin{bmatrix} 1 & 1 \\ -10.1962 & 0.1962 \end{bmatrix}$$

$$\begin{bmatrix} \mu_{11} & 0 \\ 0 & \mu_{22} \end{bmatrix} = [\Phi]^T [M] [\Phi]$$

$$= \begin{bmatrix} 1 & 1 \\ -10.1962 & 0.1962 \end{bmatrix}^T \begin{bmatrix} 2 & 0 \\ 0 & 1 \end{bmatrix} \begin{bmatrix} 1 & 1 \\ -10.1962 & 0.1962 \end{bmatrix}$$

$$= \begin{bmatrix} 109.9615 & 0 \\ 0 & 2.0385 \end{bmatrix}$$

$$\begin{bmatrix} \kappa_{11} & 0 \\ 0 & \kappa_{22} \end{bmatrix} = [\Phi]^T [K] [\Phi]$$

$$= \begin{bmatrix} 74.785 & 0 \\ 0 & 33.215 \end{bmatrix}$$

$$[\diagdown \omega^2 \diagdown] = [\diagdown \mu \diagdown]^{-1} [\diagdown \kappa \diagdown]$$

$$= \begin{bmatrix} 105.9615 & 0 \\ 0 & 2.0385 \end{bmatrix}^{-1} \begin{bmatrix} 74.785 & 0 \\ 0 & 33.215 \end{bmatrix}$$

$$= \begin{bmatrix} 0.7058 & 0 \\ 0 & 16.294 \end{bmatrix}$$

$$\begin{Bmatrix} \omega_1 \\ \omega_2 \end{Bmatrix} = \begin{Bmatrix} 0.8401 \\ 4.0366 \end{Bmatrix} \text{rad/sec}$$

비연계된 운동방정식

$$\{\ddot{z}(t)\} + [\diagdown \omega^2 \diagdown]\{z(t)\} = \{0\} \Rightarrow \begin{cases} z_1(t) + 0.7058 z_1(t) = 0 \\ z_2(t) + 16.29 z_2(t) = 0 \end{cases}$$

모드좌표에서의 초기조건

$$\{z(0)\} = [\Phi]^{-1}\{x(0)\}$$

$$\begin{Bmatrix} z_1(0) \\ z_2(0) \end{Bmatrix} = \begin{bmatrix} 1 & 1 \\ -10.1962 & 0.1962 \end{bmatrix}^{-1} \begin{Bmatrix} x_1(0) \\ x_2(0) \end{Bmatrix}$$

$$= \begin{bmatrix} 1 & 1 \\ -10.1962 & 0.1962 \end{bmatrix}^{-1} \begin{Bmatrix} x_0 \\ -2x_0 \end{Bmatrix}$$

$$= \begin{Bmatrix} 0.2113 x_0 \\ 0.7887 x_0 \end{Bmatrix}$$

$$\{\dot{z}(t)\} = [\Phi]^{-1}\{\dot{x}(t)\}$$

$$\begin{Bmatrix} \dot{z}_1(0) \\ \dot{z}_2(0) \end{Bmatrix} = \begin{bmatrix} 1 & 1 \\ -10.1962 & 0.1962 \end{bmatrix}^{-1} \begin{Bmatrix} z_1(0) \\ z_2(0) \end{Bmatrix}$$

$$= \begin{bmatrix} 1 & 1 \\ -10.1962 & 0.1962 \end{bmatrix}^{-1} \begin{Bmatrix} 0 \\ 0 \end{Bmatrix}$$

$$= \begin{Bmatrix} 0 \\ 0 \end{Bmatrix}$$

모드좌표의 변위

비감쇠 단자유도계의 자유진동응답

$$z_i(t) = z_i(0)\cos\omega_i t + \frac{\dot{z}_i(0)}{\omega_i}\sin\omega_i t$$

(1) $z_1(t) = z_1(0)\cos\omega_1 t + \dfrac{\dot{z}_1(0)}{\omega_1}\sin\omega_1 t \;\Rightarrow\; z_1(t) = 0.2113x_0\cos 0.8401t$

(2) $z_2(t) = z_2(0)\cos\omega_2 t + \dfrac{\dot{z}_2(0)}{\omega_2}\sin\omega_2 t \;\Rightarrow\; z_2(t) = 0.7887x_0\cos 4.0366t$

실제좌표의 변위

$$\{x(t)\} = [\Phi]\{z(t)\}$$

$$\Rightarrow \begin{Bmatrix} x_1(t) \\ x_2(t) \end{Bmatrix} = \begin{bmatrix} 1 & 1 \\ -10.1962 & 0.1962 \end{bmatrix} \begin{Bmatrix} z_1(t) \\ z_2(t) \end{Bmatrix}$$

$$= \begin{bmatrix} 1 & 1 \\ -10.1962 & 0.1962 \end{bmatrix} \begin{Bmatrix} 0.2113x_0\cos 0.8401t \\ 0.7887x_0\cos 4.0366t \end{Bmatrix}$$

$$= \begin{Bmatrix} 0.2113x_0\cos 0.8401t + 0.7887x_0\cos 4.0366t \\ -2.1547x_0\cos 0.8401t + 0.1547x_0\cos 4.0366t \end{Bmatrix}$$

결과를 그래프로 나타내면 다음과 같다.

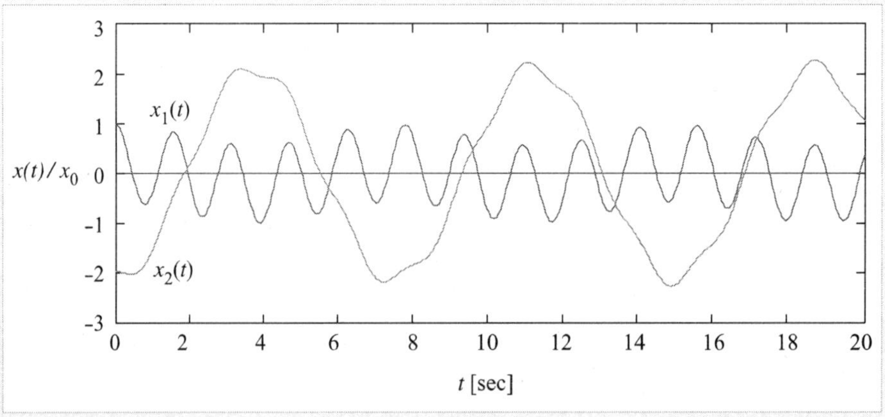

6.4 감쇠 다자유도계의 응답

(1) 감쇠 다자유도계의 강제진동

감쇠 다자유도계의 강제진동 지배방정식은

$$[M]\ \{\ddot{x}(t)\}+[C]\{\dot{x}(t)\}+[K]\{x(t)\}=\{F(t)\} \tag{6.8}$$

이다. 비감쇠 다자유도계와 동일하게 실제좌표를 모드좌표로 표현할 수 있다.

$$\{x(t)\}=\sum_{i=1}^{n}\{\phi_i(t)\}\,z_i(t) \tag{6.9}$$

식(6.9)를 식(6.8)에 대입하면

$$[M]\left(\sum_{i=1}^{n}\{\phi_i\}\ddot{z}_i(t)\right)+[C]\left(\sum_{i=1}^{n}\{\phi_i\}\dot{z}_i(t)\right)+[K]\left(\sum_{i=1}^{n}\{\phi_i\}\,z_i(t)\right)=F(t)$$

가 된다.

양변에 $\{\phi_j\}^T$를 앞에서 곱하면

$$\{\phi_j\}^T[M]\left(\sum_{i=1}^{n}\{\phi_i\}\ddot{z}_i(t)\right)+\{\phi_j\}^T[C]\left(\sum_{i=1}^{n}\{\phi_i\}\,\dot{z}_i(t)\right)+\{\phi_j\}^T[K]\left(\sum_{i=1}^{n}\{\phi_i\}\,z_i(t)\right)$$
$$=\{\phi_j\}^T F(t)$$

가 된다. 일반적으로 감쇠행렬은 모드 직교성이 보장되지 않지만, 비연계화하기 가장 좋은 방법은 아래와 같이 감쇠행렬을 질량과 강성도에 비례하는 것으로 가정하는 것이다.

$$[C]=\alpha[M]+\beta[K]$$

여기서, $[C]$를 비례감쇠(Rayleigh Damping)라고 한다. 그러면 질량과 강성도행렬의 모드 직교성에 의해 비례감쇠행렬도 모드 직교성이 성립된다.

$$\{\phi_i\}^T[C]\ \{\phi_j\}=\begin{cases}\alpha\{\phi_i\}^T[M]\ \{\phi_i\}+\beta\{\phi_i\}^T[K]\ \{\phi_i\}=\alpha\mu_{ii}+\beta\kappa_{ii} & (i=j)\\ 0 & (i\neq j)\end{cases} \tag{6.10}$$

운동방정식은 다음과 같이 정리된다.

$$\{\phi_i\}^T[M]\{\phi_i\}\ddot{z}_i(t)+\left(\alpha\{\phi_i\}^T[M]\{\phi_i\}+\beta\{\phi_i\}^T[K]\{\phi_i\}\right)\dot{z}_i(t)$$
$$+\{\phi_i\}^T[K]\{\phi_i\}z_i(t)=\{\phi_i\}^T\{F(t)\}$$

$$\Rightarrow\ \mu_{ii}\ddot{z}_i(t)+(\alpha\mu_{ii}+\beta\kappa_{ii})\dot{z}_i(t)+\kappa_{ii}z_i(t)=\{\phi_i\}^T\{F(t)\}$$

$$\Rightarrow\ \mu_{ii}\ddot{z}_i(t)+\left(\alpha+\beta\frac{\kappa_{ii}}{\mu_{ii}}\right)\mu_{ii}\dot{z}_i(t)+\kappa_{ii}z_i(t)=\{\phi_i\}^T\{F(t)\}$$

$$\Rightarrow\ \mu_{ii}\ddot{z}_i(t)+\left(\alpha+\beta\omega_i^2\right)\mu_{ii}\dot{z}_i(t)+\kappa_{ii}z_i(t)=\{\phi_i\}^T\{F(t)\}$$

여기서, $\alpha+\beta\omega_i^2=2\xi_i\omega_i$로 가정하면 감쇠 단자유도계의 미분방정식과 같은 형태가 된다.

$$\ddot{z}_i(t)+2\xi_i\omega_i\dot{z}_i(t)+\omega_i^2z_i(t)=Q_i(t) \tag{6.11}$$

여기서, $Q_i(t)=\dfrac{1}{\mu_{ii}}\{\phi_i\}^T\{F(t)\}$

감쇠 단자유도계에서 감쇠계수는 $c=\xi c_{cr}=2\xi\omega m$의 관계가 있다. 이와 유사하게 $c_i=2\xi_i\omega_i\mu_{ii}$로 감쇠계수 c_i를 표현할 수 있다.

모드좌표를 정규모드벡터로 표현한 식을 사용하여 위의 과정을 수행할 수 있다.

식(6.9) 대신

$$\{x(t)\}=\sum_{i=1}^{n}\{\psi_i(t)\}q_i(t) \tag{6.12}$$

를 사용하여 운동방정식을 정리할 수 있다.

$$\ddot{q}_i(t)+2\xi_i\omega_i\dot{q}_i(t)+\omega_i^2q_i(t)=R_i(t) \tag{6.13}$$

여기서, $R_i(t)=\{\psi_i\}^T\{F(t)\}$

예제 9 예제5 구조물에 감쇠를 비례감쇠로 가정하고 $\xi_1 = \xi_2 = 0.05$일 때, 정상상태응답을 구하시오.

예설 예제 5에서 구한 비연계방정식

$$\begin{cases} z_1(t) + 3.820z_1(t) = 2.618\sin 5t \\ z_2(t) + 26.18z_2(t) = 0.382\sin 5t \end{cases}$$

에 감쇠항

$$2\xi_1\omega_1 = 2(0.05)(1.95) = 0.195$$

$$2\xi_2\omega_2 = 2(0.05)(5.12) = 0.512$$

을 추가한다.

$$\begin{cases} z_1(t) + 0.195z_1(\dot{t}) + 3.820z_1(t) = 2.618\sin 5t \\ z_2(t) + 0.512z_1(\dot{t}) + 26.18z_2(t) = 0.382\sin 5t \end{cases}$$

감쇠 단자유도계의 조화하중에 의한 운동방정식과 정상상태응답은 다음과 같았다.

$$m\ddot{x} + c\dot{x} + kx = F_0 \sin(\overline{\omega}t)$$

$$x(t) = \frac{\dfrac{F_0}{k}\sin(\overline{\omega}t - \theta)}{\sqrt{(1-r^2)^2 + (2\xi r)^2}}$$

여기서, 위상각 $\theta = \tan^{-1}\left(\dfrac{2\xi r}{1-r^2}\right)$

(1) $z_1(t) + 0.195z_1(\dot{t}) + 3.820z_1(t) = 2.618\sin 5t$ 의 식과 $m\ddot{x} + c\dot{x} + kx = F_0\sin(\overline{\omega}t)$를 비교하면 $m=1$, $c=0.195$, $k=3.820$, $F_0 = 2.618$, $\overline{\omega} = 5$이다.

각 고유진동수 $\omega = \sqrt{\dfrac{k}{m}} = \sqrt{\dfrac{3.820}{1}} = 1.955$, 진동수비 $r = \dfrac{\overline{\omega}}{\omega} = \dfrac{5}{1.955} = 2.56$을 정상상태 응답식에 대입하면

$$z_1(t) = \frac{\dfrac{2.618}{3.820}\sin(5t-\theta)}{\sqrt{(1-2.56^2)^2 + (2\times 0.05 \times 2.56)^2}}$$

$$= 0.1233\sin(5t-\theta)$$

여기서, 위상각 $\theta = \tan^{-1}\left(\dfrac{2\xi r}{1-r^2}\right) = \tan^{-1}\left(\dfrac{2\times 0.05\times 2.56}{1-2.56^2}\right) = -0.0461$

$\therefore\ z_1(t) = 0.1233\sin(5t + 0.0461)$

(2) $z_2(t) + 0.512z_1(\dot{t}) + 26.18z_2(t) = 0.382\sin 5t$ 의 식과 $m\ddot{x} + c\dot{x} + kx = F_0\sin(\overline{\omega}t)$를 비교하면 $m=1$, $c=0.512$, $k=26.28$, $F_0 = 0.382$, $\overline{\omega} = 5$이다.

각 고유진동수 $\omega = \sqrt{\frac{k}{m}} = \sqrt{\frac{26.28}{1}} = 5.1264$, 진동수비 $r = \frac{\overline{\omega}}{\omega} = \frac{5}{5.1264} = 0.9753$

를 대입하면

$$x(t) = \frac{\frac{0.382}{26.28}\sin(5t-\theta)}{\sqrt{(1-0.9753^2)^2 + (2\times 0.05\times 0.9753)^2}}$$

$$= 0.1333\sin(5t-\theta)$$

여기서, 위상각 $\theta = \tan^{-1}\left(\frac{2\xi r}{1-r^2}\right) = \tan^{-1}\left(\frac{2\times 0.05\times 0.9753}{1-0.9753^2}\right) = 1.1076$

$\therefore\ z_2(t) = 0.1333\sin(5t-1.1076)$

예제 5에서 구한 일반모드 $[\Phi] = [\{\phi_1\}\ \{\phi_2\}] = \begin{bmatrix} 1 & 1 \\ 1.618 & -0.618 \end{bmatrix}$을 사용하여 변위벡터는 다음과 같이 구할 수 있다.

$$\{x(t)\} = \sum_{i=1}^{n}\{\phi_i(t)\}z_i(t)$$

$$= \{\phi_1(t)\}z_1(t) + \{\phi_2(t)\}z_2(t)$$

$$\begin{Bmatrix} x_1(t) \\ x_2(t) \end{Bmatrix} = \begin{Bmatrix} 1 \\ 1.618 \end{Bmatrix} z_1(t) + \begin{Bmatrix} 1 \\ -0.618 \end{Bmatrix} z_2(t)$$

$$= \begin{Bmatrix} z_1(t) + z_2(t) \\ 1.618 z_1(t) - 0.618 z_2(t) \end{Bmatrix}$$

$$= \begin{Bmatrix} 0.1233\sin(5t+0.0461) + 0.1333\sin(5t-1.1076) \\ 0.1995\sin(5t+0.0461) - 0.0824\sin(5t-1.1076) \end{Bmatrix}$$

(2) 감쇠 다자유도계의 자유진동

감쇠 다자유도계의 자유진동응답은 강제진동의 외력 $\{F(t)\}$을 0으로 하고 초기조건에 의한 진동을 구하면 된다. 즉, 자유진동에 대한 운동방정식은

$$[M]\ \{\ddot{x}(t)\} + [C]\{\dot{x}(t)\} + [K]\{x(t)\} = \{0\}$$

초기조건 $\{x(0)\}$, $\{\dot{x}(0)\}$

이며, 모드벡터 $\{x(t)\} = \sum_{i=1}^{n}\{\phi_i(t)\}z_i(t)$를 사용하여 비연계 과정을 거치면 $\{\ddot{z}(t)\} + [\diagdown 2\xi\omega \diagdown]\{\dot{z}(t)\} + [\diagdown \omega^2 \diagdown]\{z(t)\} = \{0\}$이다. 여기서 감쇠행렬의 직교성을 확보하기 위

해 감쇠는 비례감쇠(Rayleigh Damping)라고 가정하였다. 즉, $[C]=\alpha[M]+\beta[K]$와 $\alpha+\beta\omega_i^2=2\xi_i\omega_i$의 관계가 성립된다고 가정하였다.

벡터를 풀어 쓰면 $\ddot{z}_i(t)+2\xi_i\omega_i\dot{z}_i(t)+\omega_i^2 z_i(t)=0\ \ (i=1\ ,\ \cdots\ ,\ n)$이다.

감쇠 단자유도계의 자유진동응답 결과를 활용하면 다음과 같은 모드좌표에서의 변위응답을 구할 수 있다.

$$z_i(t)=C_i e^{-\xi_i\omega_i t}\cos(w_{di}t-\alpha_i)$$

여기서, $C_i=\sqrt{z_i(0)^2+\left(\dfrac{\dot{z}_i(0)+\xi_i\omega_i z_i(0)}{\omega_{di}}\right)^2}$

$$\alpha_i=\tan^{-1}\frac{(\dot{z}_i(0)+\xi_i\omega_i z_i(0))}{z_i(0)\,\omega_{di}}$$

$$\omega_{di}=\omega_i\sqrt{1-\xi_i^2}$$

$z_i(0)$, $\dot{z}_i(0)$: 모드좌표에서 초기조건

모드변환식 $\{x(t)\}=\sum_{i=1}^{n}\{\phi_i(t)\}\,z_i(t)$을 활용하여 실제좌표계의 응답을 구하면 된다. 이때, 실제 좌표계에서 주어지는 초기조건을 사용하여 모드 좌표에서의 초기조건을 구해야 한다.

실제좌표와 모드좌표와의 관계식에 $t=0$을 대입한 식 $\{x(0)\}=[\Phi]\{z(0)\}$에서 모드좌표의 초기조건을 구할 수 있다.

$$\{z(0)\}=[\Phi]^{-1}\{x(0)\}$$

유사하게 모드좌표의 속도 초기조건을 구할 수 있다

$$\{\dot{z}(t)\}=[\Phi]^{-1}\{\dot{x}(t)\}$$

예제 10 예제 8과 모든 것이 동일하지만, 구조물의 감쇠를 비례감쇠로 가정하여 자유진동 응답을 구하시오. 단, 감쇠비는 $\xi_1=0.05, \xi_2=0.05$이고, 초기조건도 예제 8과 동일하다.

해설 예제 8의 비감쇠 비연계된 운동방정식

$$\begin{cases} z_1(t) + 0.7058 z_1(t) = 0 \\ z_2(t) + 16.29 z_2(t) \ \ = 0 \end{cases}$$

에 감쇠항

$$2\xi_1\omega_1 = 2(0.05)(0.8401) = 0.084$$

$$2\xi_2\omega_2 = 2(0.05)(4.0366) = 0.4037$$

을 추가하면

$$\begin{cases} z_1(t) + 0.0840\dot{z}(t) + 0.7058 z_1(t) = 0 \\ z_2(t) + 0.4037\dot{z}(t) + 16.29 z_2(t) \ \ = 0 \end{cases}$$

모드좌표에서의 초기조건은 예제 8과 동일하다.

$$\begin{Bmatrix} z_1(0) \\ z_2(0) \end{Bmatrix} = \begin{Bmatrix} 0.2113x_0 \\ 0.7887x_0 \end{Bmatrix}$$

$$\begin{Bmatrix} \dot{z}_1(0) \\ \dot{z}_2(0) \end{Bmatrix} = \begin{Bmatrix} 0 \\ 0 \end{Bmatrix}$$

모드좌표의 변위

감쇠 단자유도계의 자유진동응답

$$z_i(t) = C_i e^{-\xi_i\omega_i t}\cos(w_{di}t - \alpha_i)$$

여기서, $C_i = \sqrt{z_i(0)^2 + \left(\dfrac{\dot{z}_i(0) + \xi_i\omega_i z_i(0)}{\omega_{di}}\right)^2}$

$$\alpha_i = \tan^{-1}\frac{(\dot{z}_i(0) + \xi_i\omega_i z_i(0))}{z_i(0)\omega_{di}}$$

$$\omega_{di} = \omega_i\sqrt{1-\xi_i^2}$$

$z_i(0)$, $\dot{z}_i(0)$: 모드좌표에서 초기조건

(1) $z_1(t) = C_1 e^{-\xi_1\omega_1 t}\cos(w_{d1}t - \alpha_1)$

$$\omega_{d1} = \omega_1\sqrt{1-\xi_1^2} = 0.8401\sqrt{1-0.05^2} = 0.8390$$

$$C_1 = \sqrt{z_1(0)^2 + \left(\frac{\dot{z}_1(0) + \xi_1\omega_1 z_1(0)}{\omega_{d1}}\right)^2}$$

$$= \sqrt{(0.2113x_0)^2 + \left(\frac{0 + 0.05(0.8401)(0.2113x_0)}{0.8390}\right)^2}$$

$$= 0.2116x_0$$

$$\alpha_1 = \tan^{-1}\frac{[\dot{z}_1(0)+\xi_1\omega_1 z_1(0)]}{z_1(0)\omega_{d1}} = 0.05$$

$$\therefore\ z_1(t) = 0.2116\,x_0 e^{-0.042t}\cos(0.8390t - 0.05)$$

(2) $z_2(t) = C_2 e^{-\xi_2\omega_2 t}\cos(w_{d2}t - \alpha_2)$

$$\omega_{d2} = 4.0366\sqrt{1-0.05^2} = 4.0316$$

$$C_2 = \sqrt{(0.7887x_0)^2 + \left(\frac{0+0.05(4.0366)(0.7887x_0)}{4.0316}\right)^2} = 0.7897x_0$$

$$\alpha_2 = 0.050$$

$$\therefore\ z_2(t) = 0.7897x_0 e^{-0.2018t}\cos(4.0316t - 0.05)$$

실제좌표의 변위

$$\{x(t)\} = [\Phi]\{z(t)\}$$

$$\Rightarrow \begin{Bmatrix} x_1(t) \\ x_2(t) \end{Bmatrix} = \begin{bmatrix} 1 & 1 \\ -10.1962 & 0.1962 \end{bmatrix}\begin{Bmatrix} z_1(t) \\ z_2(t) \end{Bmatrix}$$

$$= x_0\begin{Bmatrix} 0.2116\,e^{-0.042t}\cos(0.8390t-0.05) + 0.7898\,e^{-0.2018t}\cos(4.0316t-0.05) \\ -2.1571\,e^{-0.042t}\cos(0.8390t-0.05) + 0.1549\,e^{-0.2018t}\cos(4.0316t-0.05) \end{Bmatrix}$$

그래프로 그리면 다음과 같다.

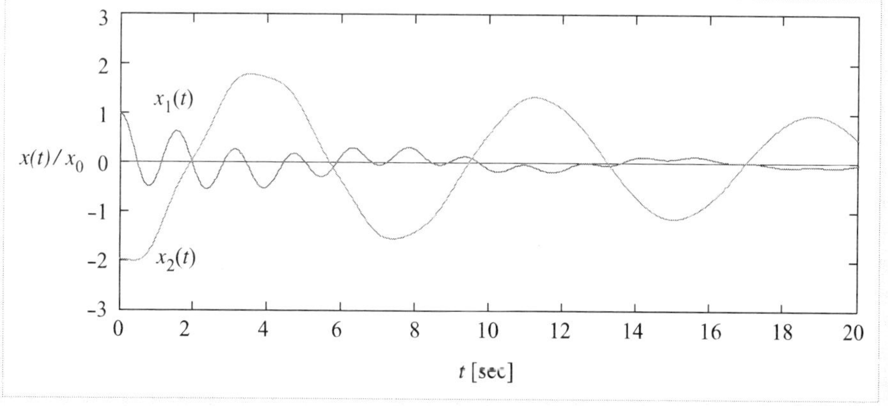

▌ 연습문제 ▌

6.1 다음 전단건물의 고유진동수와 모드형상을 구하시오.

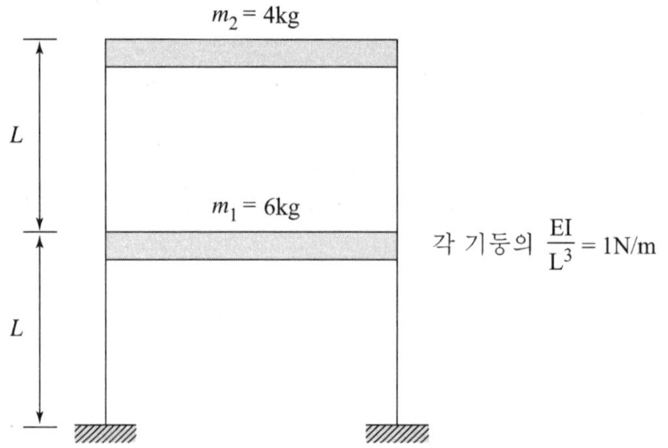

6.2 연습문제 6.1의 구조물에서, 구조물의 감쇠를 비감쇠로 가정하여 자유진동응답을 구하시오. 단, 초기조건은 $x_1(0)=2x_0$, $x_2(0)=-x_0$, $\dot{x}_1(0)=\dot{x}_2(0)=0$이다.

6.3 연습문제 6.1의 구조물에서, 구조물의 감쇠를 비례감쇠로 가정하여 자유진동응답을 구하시오. 단, 감쇠비는 $\xi_1=0.05$, $\xi_2=0.05$이고, 초기조건은 $x_1(0)=2x_0$, $x_2(0)=-x_0$와 $\dot{x}_1(0)=\dot{x}_2(0)=0$이다.

6.4 연습문제 6.1의 구조물에서, 구조물의 감쇠를 무시하고, 1층 외력 $f_1(t)=10\sin 3t$ [N]과 2층 외력 $f_2(t)=-20\sin 5t$ [N]에 대한 강제진동응답을 구하시오.

제 7 장

다자유도계의 지진응답

토목 및 건축 구조에 대한 동역학적 해석은 주로 지진응답을 구하기 위해 적용된다. 다자유도계의 지진응답은 모드중첩법을 사용하여 수행된다. 즉, 다자유도계의 모드해석을 통해 비연계 방정식을 구하고 각 모드별 지진응답을 구한 후, 모드별 응답을 중첩하여 실제 좌표계의 응답을 구하는 과정을 거친다. 이 때 모드별 응답을 구하는 과정에서 직접적분법을 이용하여 모든 시점의 응답을 구할 수도 있고, 응답스펙트럼을 이용하여 최대치만 구할 수도 있다.

7.1 지진하중을 받는 다자유도계의 모드중첩법

지진하중을 받는 다자유도계의 운동방정식은 다음과 같다.

$$[M]\{\ddot{u}(t)\}+[C]\{\dot{u}(t)\}+[K]\{u(t)\}=-[M]\{1\}\ddot{x}_g(t) \tag{7.1}$$

여기서, $\{u(t)\}=\{x(t)\}-\{x_g(t)\}$

$\{1\}$은 지진이 가해져 관성력이 생기는 수평 자유도에서는 1이고, 나머지 자유도에서는 0인 열벡터이다. $\{F_e(t)\}=-[M]\{1\}\ddot{x}_g(t)$는 '유효지진하중'이라고 한다.

모드변환식 $\{u(t)\}=[\Phi]\{z(t)\}$ 을 사용하여 운동방정식을 전개하면

$$[M][\Phi]\{\ddot{z}(t)\}+[C][\Phi]\{\dot{z}(t)\}+[K][\Phi]\{z(t)\}=-[M]\{1\}\ddot{x}_g(t)$$

이 된다. 이 식에 $[\Phi]^T$을 앞에서 곱하면

$$[\Phi]^T[M][\Phi]\{\ddot{z}(t)\}+[\Phi]^T[C][\Phi]\{\dot{z}(t)\}+[\Phi]^T[K][\Phi]\{z(t)\}$$
$$=-[\Phi]^T[M]\{1\}\ddot{x}_g(t)$$

이 된다. 여기서, $[\Phi]^T[M][\Phi]=[\diagdown\mu\diagdown]$, $[\Phi]^T[K][\Phi]=[\diagdown\kappa\diagdown]$이고, 감쇠를 비례감쇠로 가정하면 $[\Phi]^T[C][\Phi]=[\diagdown 2\xi\omega\mu\diagdown]$이므로

$$[\diagdown\mu\diagdown][\{\ddot{z}(t)\}+[\diagdown 2\xi\omega\mu\diagdown]\{z(t)\}+[\diagdown\kappa\diagdown]\{z(t)\}=-[\Phi]^T[M\{1\}\ddot{x}_g(t)$$

$[\diagdown\mu\diagdown]^{-1}$을 앞에서 곱하면

$$[\diagdown\mu\diagdown]^{-1}[\diagdown\mu\diagdown][\{\ddot{z}(t)\}+[\diagdown\mu\diagdown]^{-1}[\diagdown 2\xi\omega\mu\diagdown]\{z(t)\} \\ +[\diagdown\mu\diagdown]^{-1}[\diagdown\kappa\diagdown]\{z(t)\}=-[\diagdown\mu\diagdown]^{-1}[\Phi]^T[M\{1\}\ddot{x}_g(t)$$

$$\Rightarrow \{\ddot{z}(t)\}+[\diagdown 2\xi\omega\diagdown]\{\dot{z}(t)\}+[\diagdown\omega^2\diagdown]\{z(t)\}=-[\diagdown\mu\diagdown]^{-1}[\Phi]^T[M]\{1\}\ddot{x}_g(t)$$

$$\therefore \{\ddot{z}(t)\}+[\diagdown 2\xi\omega\diagdown]\{\dot{z}(t)\}+[\diagdown\omega^2\diagdown]\{z(t)\}=-\{\Gamma\}\ddot{x}_g(t) \qquad (7.2)$$

여기서, $\{\Gamma\}=-[\diagdown\mu\diagdown]^{-1}[\Phi]^T[M]\{1\}$는 모드참여벡터이고, 그 요소인 Γ_i는 '모드참여계수(modal participation factor)'라고 하며, i번째 모드가 응답에 참여하는 정도를 나타낸다.

식(7.2)를 벡터의 요소로 표현하면

$$\ddot{z}_i(t)+2\xi_i\omega_i\dot{z}_i(t)+\omega_i^2 z_i(t)=-\Gamma_i\ddot{x}_g(t)$$

여기서, $2\xi_i\omega_i=\dfrac{\{\phi_i\}^T[C]\{\phi_i\}}{\{\phi_i\}^T[M]\{\phi_i\}}$

$$\omega_i^2=\frac{\{\phi_i\}^T[K]\{\phi_i\}}{\{\phi_i\}^T[M]\{\phi_i\}}$$

$$\Gamma_i=\frac{\{\phi_i\}^T[M]\{1\}}{\{\phi_i\}^T[M]\{\phi_i\}}=\frac{L_i}{\mu_{ii}}$$

위의 식에서 $L_i=\{\phi_i\}^T[M]\{1\}$를 '모드지진입력계수'라 한다. 또한 $\mu_{ii}^*=\dfrac{L_i^2}{\mu_{ii}}=L_i\Gamma_i$를 '모드참여질량' 또는 '유효모드질량'이라 한다. 참고로 각 모드의 유효모드질량을 모두 합치면 구조계의 전체질량이 된다.

$$\begin{aligned}\sum_{i=1}^{n}\mu_{ii}^*&=\sum_{i=1}^{n}\frac{L_i^2}{\mu_{ii}}\\&=\{L\}^T[\diagdown\mu\diagdown]\{L\}\\&=\left([\Phi]^T[M]\{1\}\right)^T\left([\Phi]^T[M][\Phi]\right)^{-1}\left([\Phi]^T[M]\{1\}\right)\\&=\{1\}^T[M]\{1\}=\sum_{i=1}^{n}\sum_{j=1}^{n}m_{ij}\end{aligned}$$

유효모드질량은 모드참여계수와 유사한 형태이며, 각 모드가 전체구조물의 응답에 기여하는 정도를 나타낸다는 점에서 비슷한 개념이다. 그러나 모드참여계수는 각 모드에 해당하는 하중항에 따라 기여도를 평가하고, 유효질량은 각 모드의 밑면전단력에 대한 기여도를 평가한다.

대부분의 구조물은 자유도의 수가 많아 일부 저차 모드만을 사용하여 구조해석을 수행한다. 이런 경우 아래의 '유효모드질량비' 또는 '모드참여질량비'를 구하여 그 값이 0.9 이상이 되도록 모드중첩법에 사용할 저차모드의 수를 결정한다.

$$R = \frac{\displaystyle\sum_{i=1}^{m} \frac{L_i^2}{\mu_{ii}}}{\displaystyle\sum_{i=1}^{n}\sum_{j=1}^{n} m_{ij}} \geq 0.9$$

즉, 구조해석에 포함된 유효모드질량이 전체질량의 90% 이상이 되도록 충분한 수의 모드를 사용해야 한다는 의미이다.

비연계된 운동방정식에서 모드별 변위 $z_i(t)\,[i=1,\,2,\,\cdots\,,\,m\,(m \leq n)]$을 구한 후, $\{u(t)\}=[\Phi]\{z(t)\}$ 식에서 $\{u(t)\}$를 구할 수 있으며, 각 구조부재에 발생하는 부재력을 다음과 같이 구할 수 있다.

$$\{F_s(t)\} = [K]\{u(t)\} = [K][\Phi]z(t)$$

예제 1 다음과 같은 3층 전단건물에 대해 모드중첩법을 사용하여 시간이력해석을 수행하시오. 초기조건은 모두 0, 즉 정지상태로 가정하고, 감쇠비는 모든 모드에 0.05로 동일하게 가정하고, 지진은 El Centro 남북방향 지진을 사용하시오. 각 층의 강성도 $k_1 = k_2 = k_3 = 40$ N/m, 각 층의 질량 $m = 2$ kg이다.

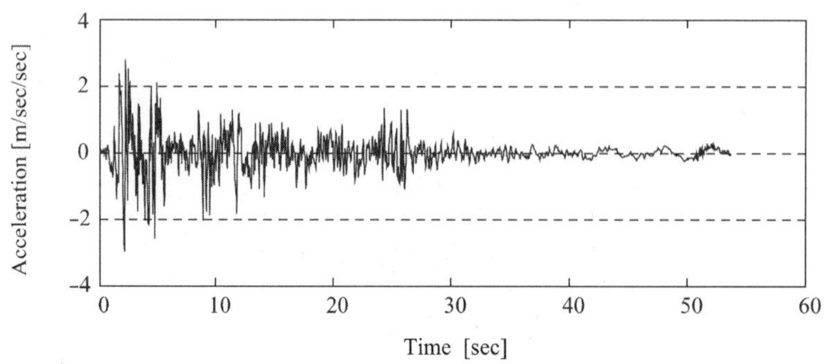

El Centro 지진기록

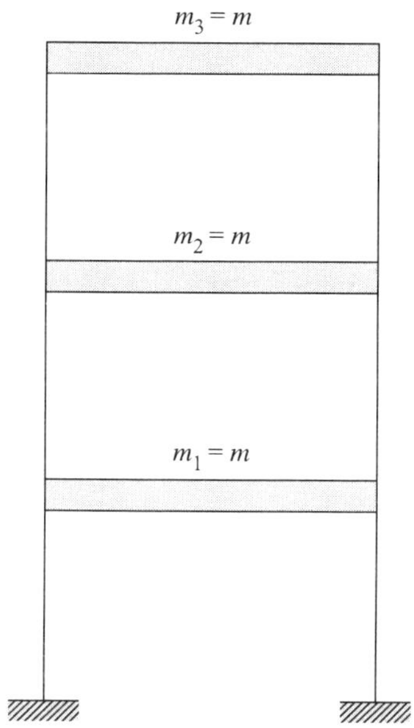

해설 (1) 구조물 특성치 행렬

질량행렬 $[M] = \begin{bmatrix} 2 & 0 & 0 \\ 0 & 2 & 0 \\ 0 & 0 & 2 \end{bmatrix}$

강성행렬 $[K] = \begin{bmatrix} 80 & -40 & 0 \\ -40 & 80 & -40 \\ 0 & -40 & 40 \end{bmatrix}$

(2) 고유치해석

고유치해석을 통해 정규모드행렬을 구하면

$$[\Psi] = \begin{bmatrix} -0.2319 & 0.5211 & -0.4179 \\ -0.4179 & 0.2319 & 0.5211 \\ -0.5211 & -0.4179 & -0.2319 \end{bmatrix}$$

$$[\diagdown \mu \diagdown] = [\Psi]^T [M] [\Psi] = \begin{bmatrix} 1 & 0 & 0 \\ 0 & 1 & 0 \\ 0 & 0 & 1 \end{bmatrix} \Leftrightarrow \begin{bmatrix} \mu_{11} & 0 & 0 \\ 0 & \mu_{22} & 0 \\ 0 & 0 & \mu_{33} \end{bmatrix}$$

$$[\diagdown \omega^2 \diagdown] = [\Psi]^T [K] [\Psi] = \begin{bmatrix} 3.961 & 0 & 0 \\ 0 & 31.10 & 0 \\ 0 & 0 & 64.94 \end{bmatrix}$$

$$\Rightarrow [\diagdown \omega \diagdown] = \mathrm{diag}(1.9903\ 5.5767\ 8.0585)\ \mathrm{rad/sec}$$

정규모드행렬을 사용하면 모드지진입력벡터 $\{L\}$과 모드참여벡터 $\{\Gamma\}$가 동일함.

$$\{L\} = [\Phi]^T [M] \{1\} = [\Psi]^T [M] \{1\}$$

$$\{\Gamma\} = [\diagdown \mu \diagdown]^{-1} [\Phi]^T [M] \{1\} = [\Psi]^T [M] \{1\}$$

그러므로

$$\{L\} = \{\Gamma\} = [\Psi]^T[M]\{1\} = \begin{Bmatrix} -2.3419 \\ 0.6703 \\ -0.2574 \end{Bmatrix}$$

모드참여질량

$$\{\mu^*\} = \begin{Bmatrix} \mu_{11}^* \\ \mu_{22}^* \\ \mu_{33}^* \end{Bmatrix} = \begin{Bmatrix} L_1^2/\mu_{11} \\ L_2^2/\mu_{22} \\ L_3^2/\mu_{33} \end{Bmatrix} = \begin{Bmatrix} 5.4845 \\ 0.4493 \\ 0.0663 \end{Bmatrix} \Rightarrow \begin{Bmatrix} 91.41\% \\ 7.49\% \\ 1.10\% \end{Bmatrix}$$

모드질량기여도

$$\{R\} = \begin{Bmatrix} R_1 \\ R_2 \\ R_3 \end{Bmatrix} = \begin{Bmatrix} 0.9141 \\ 0.0749 \\ 0.0110 \end{Bmatrix} \Rightarrow \begin{Bmatrix} 91.41\% \\ 7.49\% \\ 1.10\% \end{Bmatrix}$$

∴ 계산결과 모드 1만 사용해도 91.41%의 모드질량기여도가 되므로 첫 번째 모드만 사용해도 90%가 넘지만 저차 2개의 모드를 사용하여 98.9%가 기여도가 되도록 하였다($m = 2$).

(3) 모드중첩법

모드좌표계응답 : 비연계 운동방정식

$$\ddot{z}_1(t) + 2\xi_1\omega_1\dot{z}_1(t) + \omega_1^2 z_1(t) = -\Gamma_1\ddot{x}_g(t)$$

$$\ddot{z}_2(t) + 2\xi_2\omega_2\dot{z}_2(t) + \omega_2^2 z_2(t) = -\Gamma_2\ddot{x}_g(t)$$

이 식에 모드해석결과를 바탕으로 각 계수를 대입하면

$$\ddot{z}_1(t) + 2(0.05)(1.9903)\dot{z}_1(t) + (1.9903)^2 z_1(t) = -2.3419\ddot{x}_g(t)$$

$$\ddot{z}_2(t) + 2(0.05)(5.5767)\dot{z}_1(t) + (5.5767)^2 z_1(t) = 0.6703\ddot{x}_g(t)$$

단자유도계에 대한 뉴마크 직접적분법으로 $z_1(t)$, $z_2(t)$를 계산하면 다음과 같다.

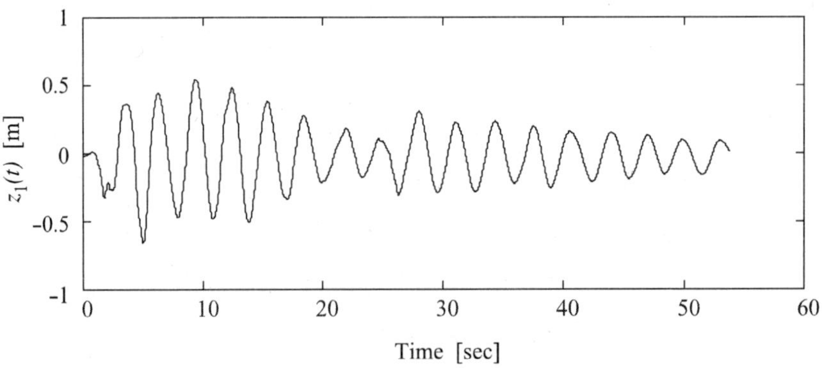

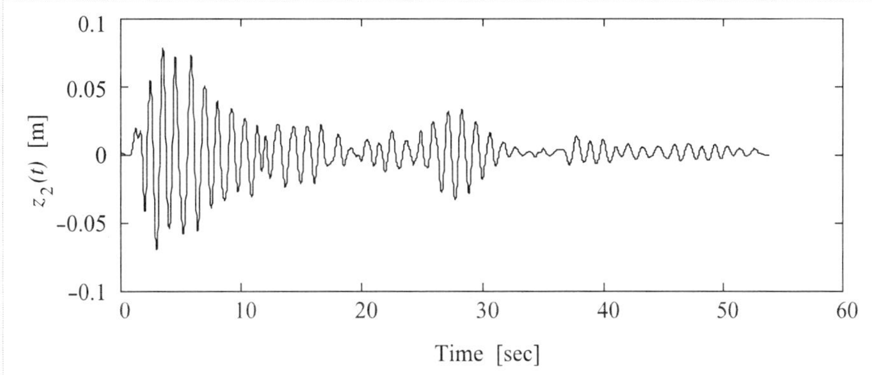

실제좌표계응답

$$\{u(t)\} = [\Psi]\{z(t)\}$$

$$\Rightarrow \begin{Bmatrix} u_1(t) \\ u_2(t) \\ u_3(t) \end{Bmatrix} = [\{\psi_1\}\{\psi_2\}] \begin{Bmatrix} z_1(t) \\ z_2(t) \\ z_3(t) \end{Bmatrix} = \begin{Bmatrix} \psi_{11}z_1(t) + \psi_{12}z_2(t) \\ \psi_{21}z_1(t) + \psi_{22}z_2(t) \\ \psi_{31}z_1(t) + \psi_{32}z_2(t) \end{Bmatrix}$$

$$= \begin{Bmatrix} -0.2319z_1(t) + 0.5211z_2(t) \\ -0.4179z_1(t) + 0.2319z_2(t) \\ -0.5211z_1(t) - 0.4179z_2(t) \end{Bmatrix}$$

그래프로 표현하면 다음과 같다.

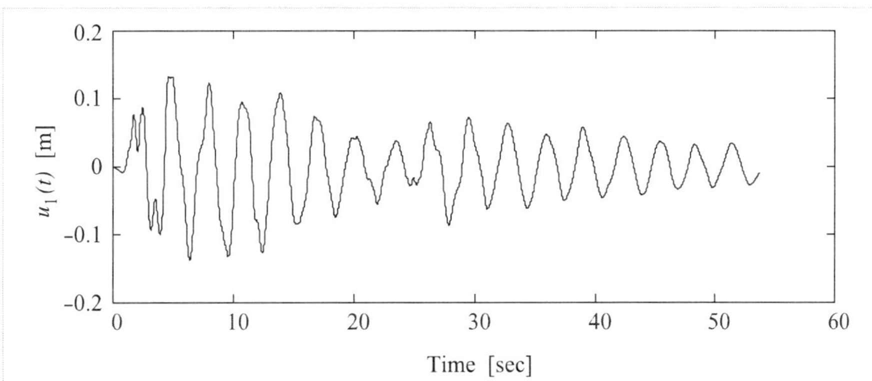

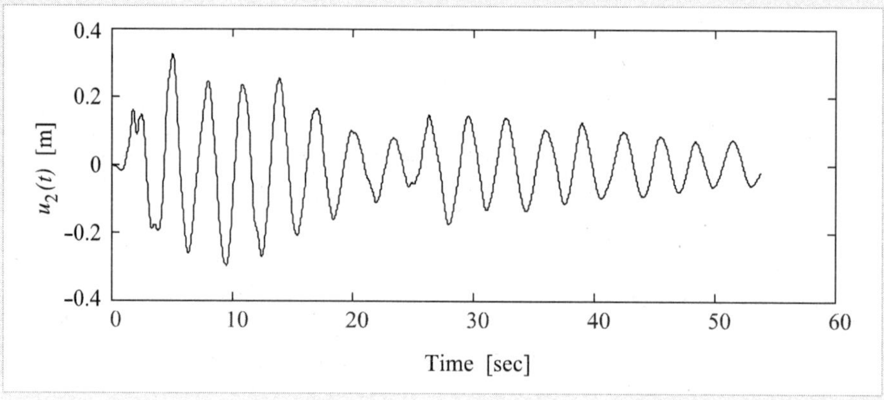
0.4
0.2
0
-0.2
-0.4
$u_2(t)$ [m]
0
10
20
30
40
50
60
Time [sec]

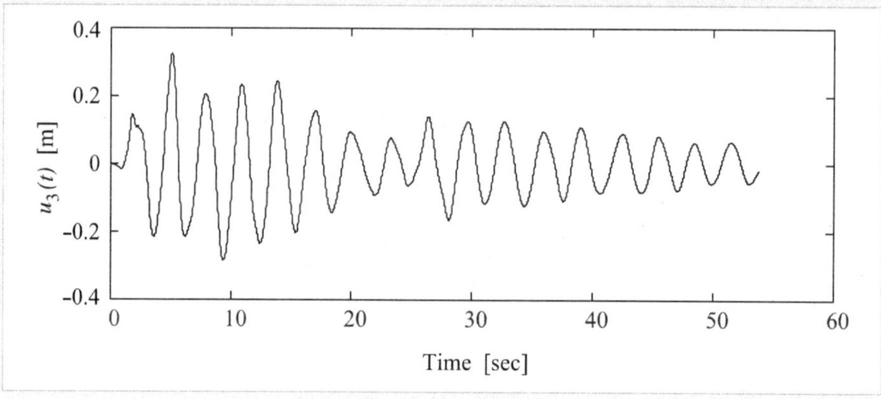
0.4
0.2
0
-0.2
-0.4
$u_3(t)$ [m]
0
10
20
30
40
50
60
Time [sec]

부재력

$$\{F_s(t)\} = [K]\{u(t)\}$$

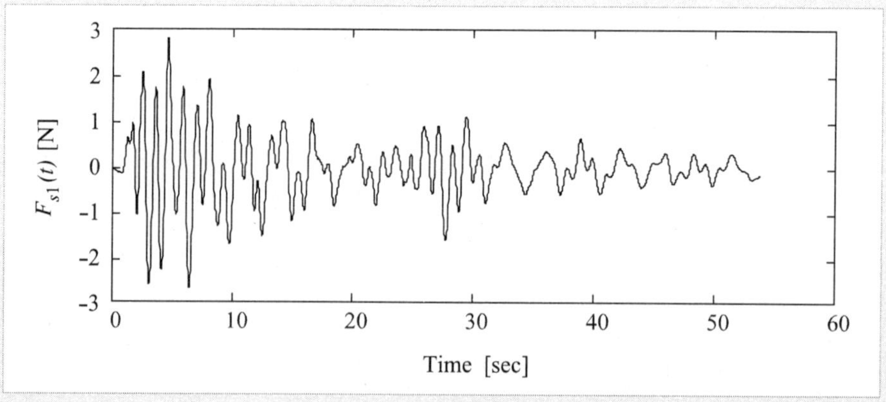
3
2
1
0
-1
-2
-3
$F_{s1}(t)$ [N]
0
10
20
30
40
50
60
Time [sec]

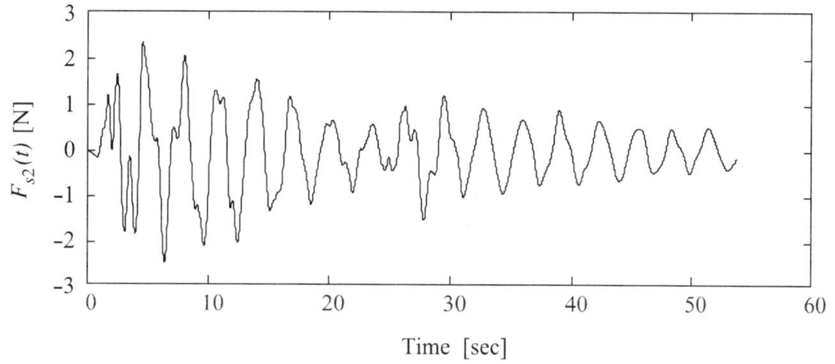

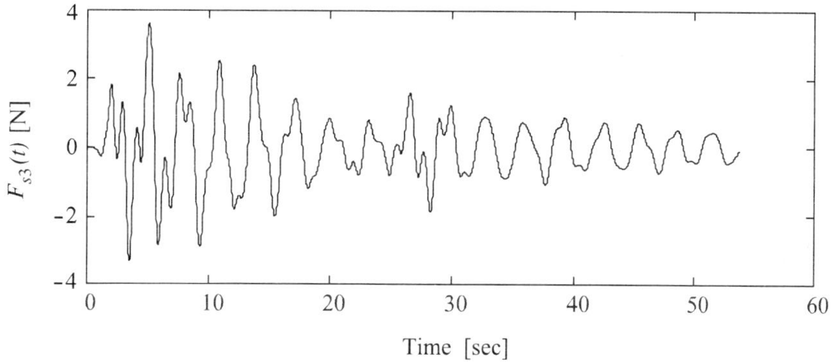

밑면전단력

$$V(t) = F_{s1}(t) + F_{s2}(t) + F_{s3}(t)$$

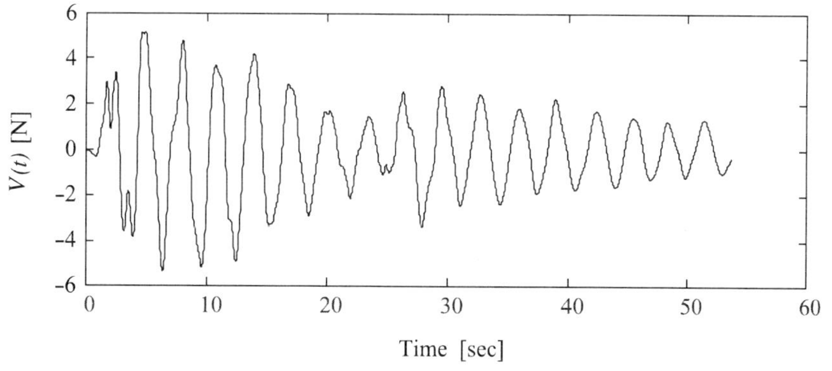

최대응답 : 시간이력곡선에서 절대 최대치를 추출

모드좌표에서 최대변위	$\begin{Bmatrix} z_1(t) \\ z_2(t) \end{Bmatrix}_{\max} = \begin{Bmatrix} 0.61297 \\ 0.07533 \end{Bmatrix}$
실제좌표에서 최대 변위 [m]	$\begin{Bmatrix} u_1(t) \\ u_2(t) \\ u_3(t) \end{Bmatrix}_{\max} = \begin{Bmatrix} 0.1302 \\ 0.2481 \\ 0.3355 \end{Bmatrix}$
최대 부재력 [N]	$\begin{Bmatrix} F_{s1}(t) \\ F_{s2}(t) \\ F_{s3}(t) \end{Bmatrix}_{\max} = \begin{Bmatrix} 2.8759 \\ 2.2479 \\ 3.7877 \end{Bmatrix}$
최대 밑면전단력 [N]	$V_{\max} = 5.2071$

7.2 다자유도계 최대응답과 모드별 최대응답의 관계

감쇠 단자유도계의 강제진동에 대한 응답은 Duhamel 적분식으로 이미 구하였으므로 그 결과를 이용하면

$$z_i(t) = -\frac{\Gamma_i}{\omega_d}\int_0^t \ddot{x}_g(\tau)\, e^{-\xi_i\omega_i(t-\tau)} \sin\omega_{di}(t-\tau)\, d\tau \tag{7.3}$$

이제 실제좌표계 응답 $\{u(t)\}$은 모드변환식

$$\{u(t)\} = [\Phi]\{z(t)\}$$

을 사용하여 구한다.

설계에는 응답의 최대값을 구하는 경우가 많다. 실제 변위의 최대값 $|u(t)|_{\max}$을 구하고자 할 경우에는 5장에서 소개한 응답스펙트럼을 사용하여 각 모드별 최대변위 $|z_i(t)|_{\max}$를 구하고, 모드변환식 $\{u(t)\} = [\Phi]\{z(t)\}$에 대입하여 $|u(t)|_{\max}$를 구하기 위해서는 $|z_i(t)|_{\max}$가 되는 모든 시점 t가 동일해야 한다. 그러나 동일한 시간에 모든 모드변위가 동시에 최대가

되지는 않기 때문에 각각의 $|z_i(t)|_{max}$ 으로부터 $|u(t)|_{max}$ 을 구할 수 있는 묘책이 필요하다.

좀 더 이해가 쉽도록 예를 들어보자. 2자유도 구조물의 경우의 모드변환식을 풀어쓰면

$$\begin{Bmatrix} u_1(t) \\ u_2(t) \end{Bmatrix} = \begin{bmatrix} \phi_{11} & \phi_{12} \\ \phi_{21} & \phi_{22} \end{bmatrix} \begin{Bmatrix} z_1(t) \\ z_2(t) \end{Bmatrix}$$

이 식을 전개하면

$$u_1(t) = \phi_{11} z_1(t) + \phi_{12} z_2(t)$$

$$u_2(t) = \phi_{21} z_1(t) + \phi_{22} z_2(t)$$

최대변위 관련하여 다음과 같은 관계가 된다.

$$|u_1(t)|_{max} \neq \phi_{11}|z_1(t)|_{max} + \phi_{12}|z_2(t)|_{max}$$

$$|u_2(t)|_{max} \neq \phi_{21}|z_1(t)|_{max} + \phi_{22}|z_2(t)|_{max}$$

즉, $|z_1(t)|_{max}$ 과 $|z_2(t)|_{max}$ 가 동일한 시점 t에서 발생하는 것이 아니므로 $|z_1(t)|_{max}$ 과 $|z_2(t)|_{max}$ 으로부터 직접 $|u_1(t)|_{max}$ 를 구할 수 없다. 바로 이 점이 다자유도계의 최대 응답을 모드별 응답 스펙트럼을 사용하여 구할 때 문제점이 된다.

따라서, 모드별 응답 스펙트럼을 사용할 경우에는 정확한 $|u(t)|_{max}$ 을 구할 수 없고, 최대한 정해에 가까운 근사값을 구하는 방법을 모색해야 한다. 그러한 방법으로는 SRSS, CQC 등의 모드합성법이 있다.

7.3 다자유도계의 모드별 변위와 모드별 부재력

비연계 운동방정식을 유효질량이 드러나도록 표현하면

$$\ddot{z}_i(t) + 2\xi_i \omega_i \dot{z}_i(t) + \omega_i^2 z_i(t) = -\frac{L_i}{\mu_{ii}} \ddot{x}_g(t)$$

여기서, $L_i = \{\phi_i\}^T [M] \{1\}$

이 된다. 위의 비연계 단자유도계의 각 모드별 최대 변위 응답을 응답 스펙트럼으로부터 구할 수 있다.

$$\text{각 모드좌표에서 최대변위응답}[z_i(t)_{\max}] = \frac{L_i}{\mu_{ii}} S_D(\xi_i, \omega_i)$$

여기서, $S_D(\xi_i, \omega_i)$: 변위응답 스펙트럼

모드변환식 $\{u(t)\} = \{\phi_1\} z_1(t) + \{\phi_2\} z_2(t) + \cdots + \{\phi_n\} z_n(t)$에서 우변의 각 항을 '모드별 변위항'이라고 하면

$$\{u(t)\} = \{u(t)\}^{(1)} + \{u(t)\}^{(2)} + \cdots + \{u(t)\}^{(n)}$$

모드별 변위항은 $\{u(t)\}^{(i)} = \{\phi_i\} z_i(t)$이다.

- 모드별 최대변위응답(건단건물에서는 모드별 최대층변위)

$$\{u(t)\}^{(i)}_{\max} = \{\phi_i\} z_i(t)_{\max} = \{\phi_i\} \frac{L_i}{\mu_{ii}} S_D(\xi_i, \omega_i)$$

- 모드별 최대부재력(전단건물에서는 모드별 최대층지진력)

$$\{F_s\}^{(i)}_{\max} = [K]\{u(t)\}^{(i)}_{\max} = [K]\{\phi_i\}\{z(t)\}^{(i)}_{\max} = [K]\{\phi_i\} \frac{L_i}{\mu_{ii}} S_D(\xi_i, \omega_i)$$

7.4 다자유도계의 모드합성법

앞 절에서 유도된 모드별 최대응답을 그대로 합하면 실제좌표 최대응답보다 더 큰 값을 얻게 된다. 이것은 모드별 응답이 최대가 되는 시점이 각 모드별로 다르기 때문이다. 시간이력해석을 사용하여 참값을 구할 수 있으나 시간이 많이 소요되므로 효율적으로 실제값과 최대한 근사한 참값을 구하기 위해 다음 방법들이 사용된다.

(1) 절대합성법

절대합성법은 모드별 최대응답을 단순히 절대값을 취해 합한 것이다. 그러므로 참값보다 큰 값이 된다.

절대합성법의 형태 $\{R\} = \sum_{i=1}^{n} |\{R\}^{(i)}| = |\{R\}^{(1)}| + |\{R\}^{(2)}| + \cdots + |\{R\}^{(n)}|$

최대변위응답 $\{u(t)\}_{\max} \simeq \sum_{i=1}^{n} |\{u(t)\}_{\max}^{i}| = \sum_{i=1}^{n} \left| \{\phi_i\} \frac{L_i}{\mu_{ii}} S_D(\xi_i, \omega_i) \right|$

최대부재력 $\{F_s\}_{\max} \sim \sum_{i=1}^{n} |\{F_s\}_{\max}^{i}| = \sum_{i=1}^{n} \left| [K]\{\psi_i\} \frac{L_i}{\mu_{ii}} S_D(\xi_i, \omega_i) \right|$

(2) SRSS 합성법

모드별 최대응답을 제곱하여 합한 후 Root를 취하여 구한다. 그리하여 SRSS (Square Root of the Sum of the Squares)라고 명명되었다.

SRSS의 형태 $\{R\} = \sqrt{\sum_{i=1}^{n} (\{R\}^{(i)})^2} = \sqrt{(\{R\}^{(1)})^2 + (\{R\}^{(2)})^2 + \cdots + (\{R\}^{(n)})^2}$

최대 변위응답 $\{u(t)\}_{\max} \simeq \sqrt{\sum_{i=1}^{n} (\{u(t)\}_{\max}^{i})^2} = \sqrt{\sum_{i=1}^{n} \left(\{\phi_i\} \frac{L_i}{\mu_{ii}} S_D(\xi_i, \omega_i) \right)^2}$

최대 부재력 $\{F_s\}_{\max} \simeq \sqrt{\sum_{i=1}^{n} (\{F_s\}_{\max}^{i})^2} = \sqrt{\sum_{i=1}^{n} \left([K]\{\phi_i\} \frac{L_i}{\mu_{ii}} S_D(\xi_i, \omega_i) \right)^2}$

이 방법은 각 모드의 진동수가 잘 분리되어 있는 구조물에는 비교적 정확한 결과를 준다. 그러나 일부 모드의 진동수가 근접하게(비슷하게) 분포하여 집중되는 경우에는 오차가 커진다. 특히, 인접모드의 진동수의 차이가 10% 이내에 분포하면 많은 오차가 포함된다.

(3) CQC 합성법

SRSS의 단점을 보완하기 위해, 모드 사이의 상관관계를 고려하기 위해 상관계수를 도입한 방법이다.

CQC의 형태 $\{R\} = \sqrt{\sum_{i=1}^{n}\sum_{j=1}^{n}\{R\}^{(i)}\rho_{ij}\{R\}^{(j)}}$

$$= \sqrt{\{R\}^{(1)}\rho_{11}\{R\}^{(1)} + \{R\}^{(1)}\rho_{12}\{R\}^{(2)} + \cdots + \{R\}^{(n)}\rho_{nn}\{R\}^{(n)}}$$

최대변위응답 $\{u(t)\}_{\max} \simeq \sqrt{\sum_{i=1}^{n}\sum_{j=1}^{n}\{u(t)\}_{\max}^{i}\rho_{ij}\{u(t)\}_{\max}^{j}}$

$$= \sqrt{\sum_{i=1}^{n}\sum_{j=1}^{n}\left\{\{\phi_i\}\frac{L_i}{\mu_{ii}}S_D(\xi_i,\omega_i)\right\}\rho_{ij}\left\{\{\phi_j\}\frac{L_j}{\mu_{jj}}S_D(\xi_j,\omega_j)\right\}}$$

최대부재력 $\{F_s\}_{\max} \simeq \sqrt{\sum_{i=1}^{n}\sum_{j=1}^{n}\{F_s\}_{\max}^{i}\rho_{ij}\{F_s\}_{\max}^{j}}$

$$= \sqrt{\sum_{i=1}^{n}\sum_{j=1}^{n}\left\{[K]\{\phi_i\}\frac{L_i}{\mu_{ii}}S_D(\xi_i,\omega_i)\right\}\rho_{ij}\left\{[K]\{\phi_j\}\frac{L_j}{\mu_{jj}}S_D(\xi_j,\omega_j)\right\}}$$

여기서, $\rho_{ij} = \left(\frac{8\xi^2(1+\beta_{ij})\beta_{ij}^{3/2}}{(1-\beta_{ij}^2)^2 + 4\xi^2\beta_{ij}(1+\beta_{ij})^2}\right)$

$$\beta_{ij} = \frac{\omega_j}{\omega_i}$$

예제 2 3층 전단구조물이 지진하중을 받을 때 최대 변위, 최대 부재력, 최대 밑면전단력을 구하시오. 단, 감쇠비 $\xi = 0.05$, 질량행렬 $[M] = \begin{bmatrix}1&0&0\\0&1&0\\0&0&1\end{bmatrix}$

강성도행렬 $[K] = \begin{bmatrix}200 & -100 & 0\\ -100 & 200 & -100\\ 0 & -100 & 100\end{bmatrix}$

응답스펙트럼 $\overline{S}_A(\xi = 0.05, T) = \begin{cases}10T + 1.0, & 0.00 < T < 0.15\\ 2.5, & 0.15 < T < 0.39\\ 0.975/T, & 0.39 < T < 3.0\end{cases}$

해설 모드해석으로부터

$$[\Phi]=\begin{bmatrix}1.000 & 1.000 & 1.000\\ 1.802 & 0.445 & -1.247\\ 2.247 & -0.802 & 0.555\end{bmatrix}$$

$$\begin{bmatrix}\mu_{11} & 0 & 0\\ 0 & \mu_{22} & 0\\ 0 & 0 & \mu_{33}\end{bmatrix}=\begin{bmatrix}9.296 & 0 & 0\\ 0 & 1.841 & 0\\ 0 & 0 & 2.863\end{bmatrix}$$

$$\begin{bmatrix}\omega_1^2 & 0 & 0\\ 0 & \omega_2^2 & 0\\ 0 & 0 & \omega_3^2\end{bmatrix}=\begin{bmatrix}19.80 & 0 & 0\\ 0 & 155.5 & 0\\ 0 & 0 & 324.7\end{bmatrix}\ (\text{rad/sec})^2$$

$$[\diagdown T \diagdown]=[\diagdown \frac{2\pi}{\omega} \diagdown]=\begin{bmatrix}1.412 & 0 & 0\\ 0 & 0.504 & 0\\ 0 & 0 & 0.349\end{bmatrix}\ (\text{sec})$$

응답 스펙트럼에서 구한 모드별 최대절대가속도

$$S_A(\xi=0.05, T_1=1.412)=\frac{0.975}{1.412}=0.6906$$

$$S_A(\xi=0.05, T_2=0.504)=\frac{0.975}{0.504}=1.9350$$

$$S_A(\xi=0.05, T_3=0.309)=2.5$$

$$\therefore\ \{S_A\}=\begin{Bmatrix}0.6906\\ 1.9350\\ 2.5000\end{Bmatrix}\ (\text{m/sec}^2)$$

최대상대변위 $\therefore\ \{S_D\}=\dfrac{1}{\omega^2}\{S_A\}=\begin{Bmatrix}0.6906/19.80\\ 1.9350/155.5\\ 2.5/324.7\end{Bmatrix}=\begin{Bmatrix}34.87\\ 12.44\\ 7.700\end{Bmatrix}\times 10^{-3}\ (\text{m})$

모드지진입력계수 벡터 $\{L\}=[\Phi]^T[M]\{1\}=\begin{Bmatrix}5.0489\\ 0.6431\\ 0.3080\end{Bmatrix}$

▶ 모드별 최대변위응답(건단건물에서는 모드별 최대층변위)

$$\{u(t)\}_{\max}^{(1)}=\{\phi_1\}z_1(t)_{\max}=\{\phi_1\}\frac{L_1}{\mu_{11}}S_D\ (\xi=0.05,\ T_1)$$

$$=\begin{Bmatrix}1.000\\ 1.802\\ 2.247\end{Bmatrix}\frac{5.0489}{9.296}\ 34.87\times 10^{-3}=1\times 10^{-3}\begin{Bmatrix}18.94\\ 34.12\\ 42.55\end{Bmatrix}\ (\text{m})$$

$$\{u(t)\}_{\max}^{(2)}=\{\phi_2\}z_2(t)_{\max}=\{\phi_2\}\frac{L_2}{\mu_{22}}S_D\ (\xi=0.05,\ T_2)$$

$$=\begin{Bmatrix}1.000\\ 0.445\\ -0.802\end{Bmatrix}\frac{0.6431}{1.8412}\ 12.44\times 10^{-3}=1\times 10^{-3}\begin{Bmatrix}4.347\\ 1.934\\ -3.486\end{Bmatrix}\ (\text{m})$$

$$\{u(t)\}_{\max}^{(3)} = \{\phi_3\} z_3(t)_{\max} = \{\phi_3\} \frac{L_3}{\mu_{33}} S_D\ (\xi = 0.05,\ T_3)$$

$$= \begin{Bmatrix} 1.000 \\ -1.247 \\ 0.555 \end{Bmatrix} \frac{0.3080}{2.8629}\ 7.70 \times 10^{-3} = 1 \times 10^{-3} \begin{Bmatrix} 0.828 \\ -1.033 \\ 0.460 \end{Bmatrix}\ (\mathrm{m})$$

모드별 최대부재력(전단건물에서는 모드별 최대층지진력)

$$\{F_s\}_{\max}^{(1)} = [K]\{u(t)\}_{\max}^{(1)}$$

$$= \begin{bmatrix} 200 & -100 & 0 \\ -100 & 200 & -100 \\ 0 & -100 & 100 \end{bmatrix} \begin{Bmatrix} 18.94 \times 10^{-3} \\ 34.12 \times 10^{-3} \\ 42.55 \times 10^{-3} \end{Bmatrix} = \begin{Bmatrix} 0.3751 \\ 0.6759 \\ 0.8428 \end{Bmatrix}\ (\mathrm{N})$$

$$\{F_s\}_{\max}^{(2)} = [K]\{u(t)\}_{\max}^{(2)}$$

$$= \begin{bmatrix} 200 & -100 & 0 \\ -100 & 200 & -100 \\ 0 & -100 & 100 \end{bmatrix} \begin{Bmatrix} 4.347 \times 10^{-3} \\ 1.934 \times 10^{-3} \\ -3.486 \times 10^{-3} \end{Bmatrix} = \begin{Bmatrix} 0.6759 \\ 0.3008 \\ -0.5420 \end{Bmatrix}\ (\mathrm{N})$$

$$\{F_s\}_{\max}^{(3)} = [K]\{u(t)\}_{\max}^{(3)}$$

$$= \begin{bmatrix} 200 & -100 & 0 \\ -100 & 200 & -100 \\ 0 & -100 & 100 \end{bmatrix} \begin{Bmatrix} 0.828 \times 10^{-3} \\ -1.033 \times 10^{-3} \\ 0.460 \times 10^{-3} \end{Bmatrix} = \begin{Bmatrix} 0.2689 \\ -0.3354 \\ 0.1492 \end{Bmatrix}\ (\mathrm{N})$$

절대합성법

(1) 최대변위응답(건단건물에서는 모드별 최대층변위)

$$\{u(t)\}_{\max} \simeq \sum_{i=1}^{n} \left| \{u(t)\}_{\max}^{i} \right|$$

$$= 1 \times 10^{-3} \begin{Bmatrix} |18.94| + |4.347| + |0.8283| \\ |34.12| + |1.934| + |-1.0328| \\ |42.55| + |-3.4857| + |0.4597| \end{Bmatrix} = \begin{Bmatrix} 24.11 \times 10^{-3} \\ 37.09 \times 10^{-3} \\ 46.50 \times 10^{-3} \end{Bmatrix}\ (\mathrm{m})$$

(2) 최대부재력(전단건물에서는 모드별 최대층지진력)

$$\{F_s(t)\}_{\max} \simeq \sum_{i=1}^{n} \left| \{F_s(t)\}_{\max}^{i} \right|$$

$$= \begin{Bmatrix} |0.3751| + |0.6759| + |0.2689| \\ |0.6759| + |0.3008| + |-0.3354| \\ |0.8428| + |-0.5420| + |0.1492| \end{Bmatrix} = \begin{Bmatrix} 1.3199 \\ 1.3120 \\ 1.5341 \end{Bmatrix}\ (\mathrm{N})$$

(3) 최대밑면전단력

$$V_{\max} = F_{s1,\max} + F_{s3,\max} + F_{s3,\max}$$

$$= 1.3199 + 1.3120 + 1.5341 = 4.1660\,\mathrm{N}$$

SRSS 합성법

(1) 최대변위응답(전단건물에서는 모드별 최대층변위)

$$\{u(t)\}_{\max} \simeq \sqrt{\sum_{i=1}^{n}\left(\{u(t)\}_{\max}^{i}\right)^2}$$

$$= \begin{Bmatrix} \sqrt{18.94^2+4.347^2+0.8283^2}\times 10^{-3} \\ \sqrt{34.12^2+1.935^2+(-1.033)^2}\times 10^{-3} \\ \sqrt{42.55^2+(-3.486)^2+0.460^2}\times 10^{-3} \end{Bmatrix} = \begin{Bmatrix} 19.45\times 10^{-3} \\ 34.20\times 10^{-3} \\ 42.70\times 10^{-3} \end{Bmatrix} \text{(m)}$$

(2) 최대부재력(전단건물에서는 모드별 최대층지진력)

$$\{F_s\}_{\max} \simeq \sqrt{\sum_{i=1}^{n}\left(\{F_s\}_{\max}^{i}\right)^2}$$

$$= \begin{Bmatrix} \sqrt{0.3751^2+0.6759^2+0.2689^2} \\ \sqrt{0.6759^2+0.3008^2+0.3354^2} \\ \sqrt{0.8428^2+0.5420^2+0.1492^2} \end{Bmatrix} = \begin{Bmatrix} 0.8184 \\ 0.8123 \\ 1.0131 \end{Bmatrix} \text{(N)}$$

(3) 최대밑면전단력

$$V_{\max} = F_{s1,\max} + F_{s3.\max} + F_{s3.\max}$$

$$= 0.8184 + 0.8123 + 1.0131 = 2.6483\,N$$

▌연습문제 ▌

7.1 다음과 같은 5층 전단건물에 대해 모드중첩법을 사용하여 시간이력해석을 수행하시오. 초기조건은 모두 0, 즉 정지상태로 가정하고, 감쇠비는 모든 모드에 0.05로 동일하게 가정하고, 지진은 El Centro 남북방향 지진을 사용하시오. 각 층의 강성도 $k_1 = k_2 = k_3 = k_4 = k_5 = 40$ N/m, 각 층의 질량 $m = 2$ kg이다.

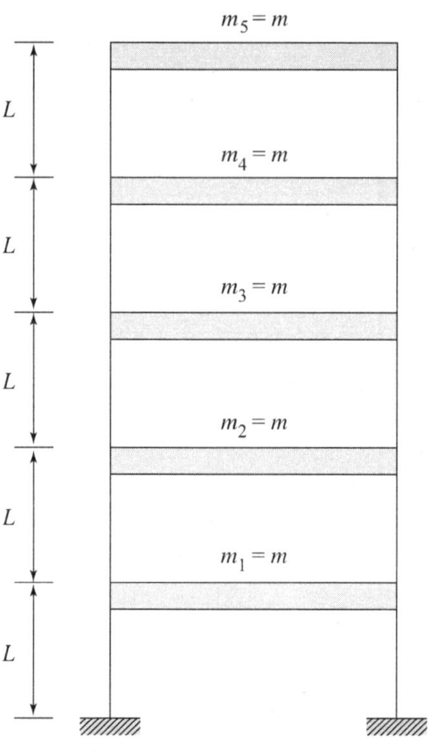

7.2 연습문제 7.1 구조물의 최대변위, 최대부재력, 최대밑면전단력을 구하시오. 단, 감쇠비 $\xi = 0.05$, 응답 스펙트럼 $\overline{S}_A(\xi = 0.05, T) = \begin{cases} 10T + 1.0, & 0.00 < T < 0.15 \\ 2.5, & 0.15 < T < 0.39 \\ 0.975/T, & 0.39 < T < 3.0 \end{cases}$ 모드합성법은 SRSS 방법을 사용하시오.

제8장

보, 골조, 트러스의 모드해석

토목건축구조의 가장 기본이 되는 뼈대구조 중에서 보, 골조 및 트러스의 질량행렬, 강성도행렬을 구하고 모드해석을 수행하는 절차를 예제 중심으로 소개한다.

8.1 보 요소의 강성도행렬과 질량행렬

축변형을 무시한 균일한 단면(EI)을 갖는 보요소의 강성도 및 질량 행렬은 다음과 같다.

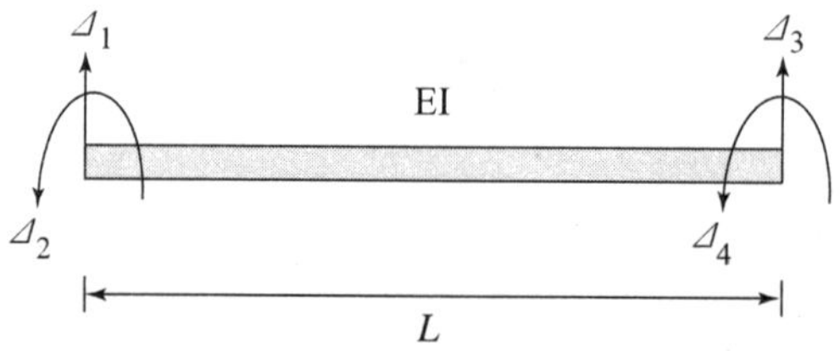

그림 8.1 2차원 보요소(축변형 무시)

• 하중변위 관계

$$\begin{Bmatrix} P_1 \\ P_2 \\ P_3 \\ P_4 \end{Bmatrix} = [K_e] \begin{Bmatrix} \Delta_1 \\ \Delta_2 \\ \Delta_3 \\ \Delta_4 \end{Bmatrix}$$

• 요소 강성도행렬

$$[K_e] = \frac{\mathrm{EI}}{L^3} \begin{bmatrix} 12 & 6L & -12 & 6L \\ 6L & 4L^2 & -6L & 2L^2 \\ -12 & -6L & 12 & -6L \\ 6L & 2L^2 & -6L & 4L^2 \end{bmatrix}$$

(1) 요소 질량행렬

① 집중질량행렬

$$[M_e]=\frac{\overline{m}L}{2}\begin{bmatrix}1&0&0&0\\0&0&0&0\\0&0&1&0\\0&0&0&0\end{bmatrix}$$

여기서, $\overline{m}$: 단위길이당 질량

회전자유도에 대한 관성도를 고려하면

$$[M_e]=\frac{\overline{m}L}{2}\begin{bmatrix}1&0&0&0\\0&\frac{L^2}{12}&0&0\\0&0&1&0\\0&0&0&\frac{L^2}{12}\end{bmatrix}$$

② 분포질량행렬

$$[M_e]=\frac{\overline{m}L}{420}\begin{bmatrix}156&22L&54&-13L\\22L&4L^2&13L&-3L^2\\54&13L&156&-22L\\-13L&-3L^2&-22L&4L^2\end{bmatrix}$$

8.2 골조요소의 강성도행렬과 질량행렬

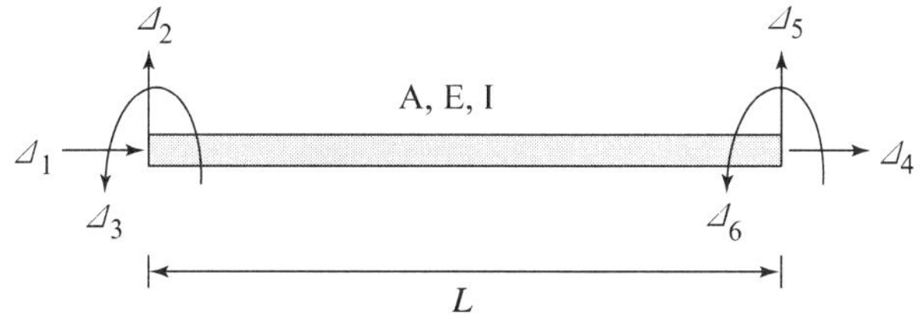

그림 8.2 2차원 골조요소(축변형 고려)

축변형을 고려한 균일한 단면(EI, EA)을 갖는 골조(Frame) 요소의 강성도 및 질량행렬은 다음과 같다.

$$\text{요소 강성도행렬 } [K_e] = \frac{\mathrm{EI}}{L^3}\begin{bmatrix} AL^2/I & & & \text{대칭} & & \\ 0 & 12 & & & & \\ 0 & 6L & 4L^2 & & & \\ -AL^2/I & 0 & 0 & AL^2/I & & \\ 0 & -12 & -6L & 0 & 12 & \\ 0 & 6L & 2L^2 & 0 & -6L & 4L^2 \end{bmatrix}$$

(1) 요소 질량행렬

① 집중질량행렬

$$[M_e] = \frac{\overline{m}L}{2}\begin{bmatrix} 1 & & & & & \\ & 1 & & & & \\ & & 0 & & & \\ & & & 1 & & \\ & & & & 1 & \\ & & & & & 0 \end{bmatrix}$$

② 분포질량행렬

$$[M_e] = \frac{\overline{m}L}{420}\begin{bmatrix} 140 & & & & & \\ 0 & 156 & & & & \\ 0 & 22L & 4L^2 & & & \\ 70 & 0 & 0 & 140 & & \\ 0 & 54 & 13L & 0 & 156 & \\ 0 & -13L & -3L^2 & 0 & -22L & 4L^2 \end{bmatrix}$$

여기서, $\overline{m}$: 단위길이당 질량

8.3 좌표변환

요소가 수평이 아닌 경사진 형태로 되어 있는 경우, 좌표변환을 통하여 국부좌표에서 전체좌표에 대한 행렬을 구할 수 있다.

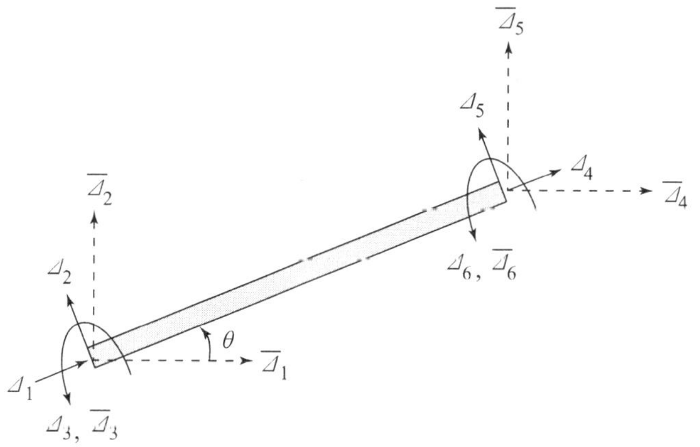

그림 8.3 국부좌표축와 전체좌표축

좌표축 변환

$$\{P\} = [T]\{\overline{P}\}$$

$$\{\Delta\} = [T]\{\overline{\Delta}\}$$

을 성립시키는 좌표변환행렬 $[T]$

$$[T] = \begin{bmatrix} \cos\theta & \sin\theta & & & & \\ -\sin\theta & \cos\theta & & & & \\ & & 1 & & & \\ & & & \cos\theta & \sin\theta & \\ & & & -\sin\theta & \cos\theta & \\ & & & & & 1 \end{bmatrix}$$

전체좌표계에 대한 보요소의 강성도행렬과 질량행렬

$$[\overline{K_e}] = [T]^T[K_e][T]$$

$$[\overline{M_e}] = [T]^T[M_e][T]$$

예제 1 다음 캔틸레버보의 모드해석을 수행하시오. 단, EI = 10 N · m², 단위길이당 질량 $\overline{m}$ = 1 kg/m, L = 1 m이고, 축변형은 무시한다.

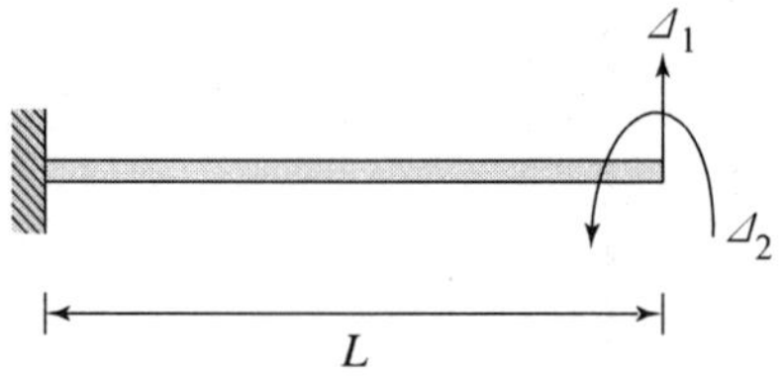

해설

요소 강성도행렬 $[K_e]=\dfrac{\mathrm{EI}}{L^3}\begin{bmatrix} 12 & 6L & -12 & 6L \\ 6L & 4L^2 & -6L & 2L^2 \\ -12 & -6L & 12 & -6L \\ 6L & 2L^2 & -6L & 4L^2 \end{bmatrix}$

(1) 분포질량행렬을 사용하는 경우

분포질량행렬

$$[M_e]=\frac{\overline{m}L}{420}\begin{bmatrix} 156 & 22L & 54 & -13L \\ 22L & 4L^2 & 13L & -3L^2 \\ 54 & 13L & 156 & -22L \\ -13L & -3L^2 & -22L & 4L^2 \end{bmatrix}$$

요소의 왼쪽 절점은 고정단이므로 자유단의 두 자유도에 해당하는 행렬의 요소만 추출하면

$$[K]=\frac{\mathrm{EI}}{L^3}\begin{bmatrix} 12 & -6L \\ -6L & 4L^2 \end{bmatrix}$$

$$[M]=\frac{\overline{m}L}{420}\begin{bmatrix} 156 & -22L \\ -22L & 4L^2 \end{bmatrix}$$

여기서, 주어진 수치를 대입

$$[K]=\begin{bmatrix} 120 & -60 \\ -60 & 40 \end{bmatrix}$$

$$[M]=\frac{1}{420}\begin{bmatrix} 156 & -22 \\ -22 & 4 \end{bmatrix}$$

고유치 해석

$$[\Phi]=\begin{bmatrix} 1.0000 & 1.0000 \\ 1.3775 & 7.6225 \end{bmatrix}$$

$$[\mu]=\begin{bmatrix} 0.2452 & 0 \\ 0 & 0.1262 \end{bmatrix}$$

$$[\kappa]=\begin{bmatrix} 30.6 & 0 \\ 0 & 1.5294\times 10^3 \end{bmatrix}$$

각 고유진동수

$$w_1 = 11.17\,\text{rad/sec}\,,\ w_2 = 110.07\,\text{rad/sec}$$

(2) 회전관성을 고려한 집중질량행렬을 사용하는 경우

요소질량행렬

$$[M_e]=\frac{\overline{m}L}{2}\begin{bmatrix}1&0&0&0\\0&\frac{L^2}{12}&0&0\\0&0&1&0\\0&0&0&\frac{L^2}{12}\end{bmatrix}$$

요소의 왼쪽 절점은 고정단이므로 자유단의 두 자유도에 해당하는 행렬의 요소만 추출하면,

$$[K]=\frac{\mathrm{EI}}{L^3}\begin{bmatrix}12&-6L\\-6L&4L^2\end{bmatrix}$$

$$[M]-\frac{\overline{m}L}{2}\begin{bmatrix}1&0\\0&L^2/12\end{bmatrix}$$

여기서, 주어진 수치를 대입

$$[K]=\begin{bmatrix}120&-60\\-60&40\end{bmatrix}$$

$$[M]=\frac{1}{2}\begin{bmatrix}1&0\\0&1/12\end{bmatrix}$$

고유치 해석

$$[\Phi]=\begin{bmatrix}1.0000&1.0000\\1.5826&-7.5826\end{bmatrix}$$

$$[\mu]=\begin{bmatrix}0.6044&0\\0&2.8956\end{bmatrix}$$

$$[\kappa]=\begin{bmatrix}30.3&0\\0&3.3297\times10^3\end{bmatrix}$$

$w_1=7.08\,\mathrm{rad/sec}$, $w_2=33.91\,\mathrm{rad/sec}$

(3) 회전관성을 무시한 집중질량행렬을 사용하는 경우

요소질량행렬

$$[M_e]=\frac{\overline{m}L}{2}\begin{bmatrix}1&0&0&0\\0&0&0&0\\0&0&1&0\\0&0&0&0\end{bmatrix}$$

요소의 왼쪽 절점은 고정단이므로 자유단의 두 자유도에 해당하는 행렬의 요소만 추출하면

$$[K]=\frac{\mathrm{EI}}{L^3}\begin{bmatrix}12&-6L\\-6L&4L^2\end{bmatrix}$$

$$[M]=\frac{\overline{m}L}{2}\begin{bmatrix}1&0\\0&0\end{bmatrix}$$

여기서, 주어진 수치를 대입

$$[K]=\begin{bmatrix} 120 & -60 \\ -60 & 40 \end{bmatrix}$$

$$[M]=\frac{1}{2}\begin{bmatrix} 1 & 0 \\ 0 & 0 \end{bmatrix}$$

이와 같이 질량행렬의 대각요소가 0이 존재하면 고유치 해석 과정에서 해당 고유진동수가 무한대가 되어 Singular 문제가 발생한다.

고유치 해석

$$\left[[K]-\omega^2[M]\right]\begin{Bmatrix} \Delta_1 \\ \Delta_2 \end{Bmatrix}=\begin{Bmatrix} 0 \\ 0 \end{Bmatrix}$$

$$\det\left(\begin{bmatrix} 120-0.5\omega^2 & -60 \\ -60 & 40 \end{bmatrix}\right)=0$$

$$w_1=7.75\,\text{rad/sec}\,,\ w_2=\infty$$

예제 2 예제 1의 보를 4개의 요소로 나누어 모드해석을 수행하시오.

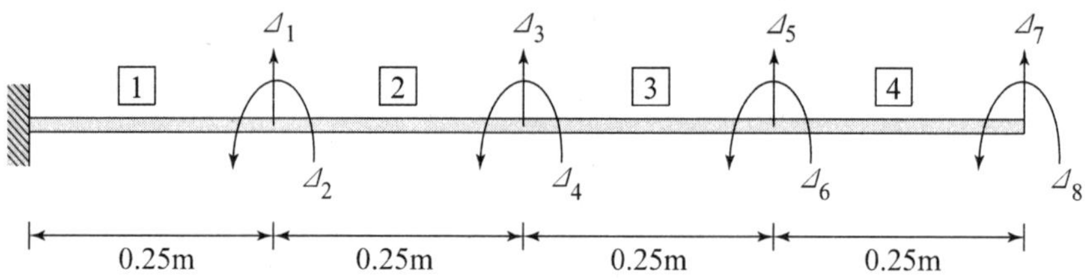

해설 요소별 질량행렬과 강성도행렬

$$[K_e]=\frac{\text{EI}}{L^3}\begin{bmatrix} 12 & 6L & -12 & 6L \\ 6L & 4L^2 & -6L & 2L^2 \\ -12 & -6L & 12 & -6L \\ 6L & 2L^2 & -6L & 4L^2 \end{bmatrix}$$

$$[M_e]=\frac{\overline{m}L}{420}\begin{bmatrix} 156 & 22L & 54 & -13L \\ 22L & 4L^2 & 13L & -3L^2 \\ 54 & 13L & 156 & -22L \\ -13L & -3L^2 & -22L & 4L^2 \end{bmatrix}$$

$L=0.25$, $\text{EI}=10$을 대입하여 요소 1의 강성도 및 질량행렬을 구하면

$$[K_1]=\begin{bmatrix} 7680 & & symm. & \\ 960 & 160 & & \\ -7680 & -960 & 7680 & \\ 960 & 80 & -960 & 160 \end{bmatrix}$$

$$[M_1]=1\times10^{-3}\begin{bmatrix} 92.86 & & symm. & \\ 3.274 & 0.1488 & & \\ 32.14 & 1.935 & 92.86 & \\ -1.935 & -0.1116 & -3.274 & 0.1488 \end{bmatrix}$$

4개 요소의 행렬 모두 같음

$$[K_1]=[K_2]=[K_3]=[K_4]$$

$$[M_1]=[M_2]=[M_3]=[M_4]$$

요소행렬들을 각 자유도에 맞게 전제행렬에 합성

$$[K]=\begin{bmatrix} 15360 & & & & & & & symm. \\ 0 & 320 & & & & & & \\ -7680 & -960 & 15360 & & & & & \\ 960 & 80 & 0 & 320 & & & & \\ & & -7680 & -960 & 15360 & & & \\ & & 960 & 80 & 0 & 320 & & \\ & & & & -7680 & -960 & 7680 & \\ & & & & 960 & 80 & -960 & 160 \end{bmatrix}$$

$$[M]=1\times10^{-3}\begin{bmatrix} 185.7 & & & & & & & symm. \\ 0 & 0.2976 & & & & & & \\ 32.14 & 1.9345 & 185.7 & & & & & \\ -1.935 & -0.1116 & 0 & 0.2976 & & & & \\ & & 32.14 & 1.935 & 185.7 & & & \\ & & -1.935 & -0.1116 & 0 & 0.2976 & & \\ & & & & 32.14 & 1.935 & 92.86 & \\ & & & & -1.935 & -0.1116 & -3.274 & 0.1488 \end{bmatrix}$$

고유치해석을 수행

모드행렬

$$[\Phi]=\begin{bmatrix} 1.000 & 1.000 & 1.000 & 1.000 & 1.000 & 1.000 & 1.000 & 1.000 \\ 7.484 & 5.480 & 2.191 & -4.597 & -34.78 & 214.4 & 54.686 & 40.85 \\ 3.490 & 1.711 & 0.0302 & -1.032 & -0.1371 & -7.096 & -0.3456 & 1.527 \\ 11.96 & -1.085 & -7.645 & -0.2676 & 39.63 & -35.63 & 76.79 & 114.9 \\ 6.761 & 0.3238 & -0.804 & 0.8897 & -0.6504 & 3.524 & -1.389 & 2.853 \\ 13.85 & -9.327 & 3.643 & 3.931 & -36.11 & -187.7 & 20.44 & 240.9 \\ 10.28 & -2.397 & 1.376 & -1.394 & 3.028 & 11.99 & -2.817 & 16.47 \\ 14.15 & -11.46 & 10.84 & -15.59 & 48.62 & 266.05 & -86.18 & 663.3 \end{bmatrix}$$

$$[\diagdown\omega\diagdown]=\text{diag}(11.1\quad 69.8\quad 196.6\quad 387.9\quad 721.4\quad 1158.6\quad 1836.8\quad 3013.8)\ \text{rad/sec}$$

예제 3 다음 골조의 모드해석을 수행하시오. 분포질량행렬을 사용한다. 단 EI = 10 N · m^2, EA = 1 N, 단위길이당 질량 $\overline{m}$ = 1 kg/m이고, 축변형을 고려한다.

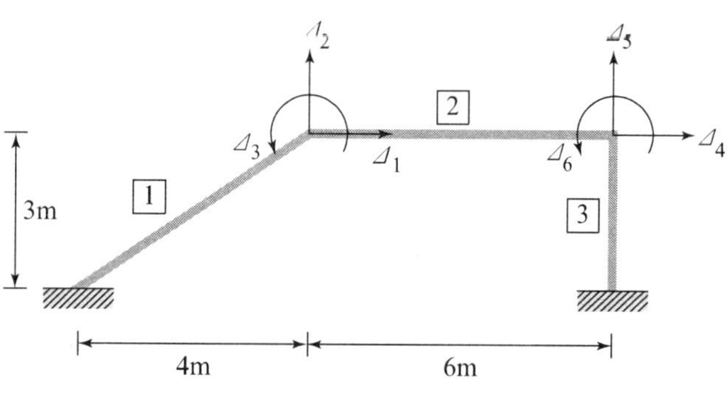

해설

(1) 요소별 강성도행렬

강성도행렬

$$[K_e]=\frac{\mathrm{EI}}{L^3}\begin{bmatrix} AL^2/I & & & \text{대칭} & & \\ 0 & 12 & & & & \\ 0 & 6L & 4L^2 & & & \\ -AL^2/I & 0 & 0 & AL^2/I & & \\ 0 & -12 & -6L & 0 & 12 & \\ 0 & 6L & 2L^2 & 0 & -6L & 4L^2 \end{bmatrix}$$

$$[K_1]=\begin{bmatrix} 0.2 & & & symm. & & \\ 0 & 0.96 & & & & \\ 0 & 2.4 & 8.0 & & & \\ -0.2 & 0 & 0 & 0.2 & & \\ 0 & -0.96 & -2.4 & 0 & 0.96 & \\ 0 & 2.4 & 4.0 & 0 & -2.4 & 8 \end{bmatrix}$$

요소 1은 수평과 $\theta=\tan^{-1}(3/4)$ 기울기가 있으므로 좌표변환 한다.

변환행렬

$$T_1=\begin{bmatrix} 0.8 & 0.6 & & & & \\ -0.6 & 0.8 & & & & \\ & & 1 & & & \\ & & & 0.8 & 0.6 & \\ & & & -0.6 & 0.8 & \\ & & & & & 1 \end{bmatrix}$$

$$[\overline{K_1}]=T_1^T[K_1][T_1]=\begin{bmatrix} 0.4736 & & & symm. & & \\ -0.3648 & 0.6864 & & & & \\ -1.4400 & 1.9200 & 8.0 & & & \\ -0.4736 & 0.3648 & 1.44 & 0.4736 & & \\ 0.3648 & -0.6864 & -1.92 & -0.3648 & 0.6864 & \\ -1.4400 & 1.9200 & 4.0 & 1.44 & -1.92 & 8.0 \end{bmatrix}$$

$$[K_2]=\begin{bmatrix} 0.1667 & & & symm. & & \\ 0 & 0.5556 & & & & \\ 0 & 1.6667 & 6.6667 & & & \\ -0.1667 & 0 & 0 & 0.1667 & & \\ 0 & -0.5556 & -1.6667 & 0 & 0.5556 & \\ 0 & 1.6667 & 3.3333 & 0 & -1.6667 & 6.6667 \end{bmatrix}$$

$[K_2]$는 $\theta=0$이므로 좌표변환이 필요 없다.

$$[\overline{K_2}]=[K_2]$$

$$[K_3]=\begin{bmatrix} 0.3333 & & & symm. & & \\ 0 & 4.4444 & & & & \\ 0 & 6.6667 & 13.3333 & & & \\ -0.3333 & 0 & 0 & 0.3333 & & \\ 0 & -4.4444 & -6.6667 & 0 & 4.4444 & \\ 0 & 6.6667 & 6.6667 & 0 & -6.6667 & 13.3333 \end{bmatrix}$$

요소 3의 기울기는 $\theta = \dfrac{3\pi}{2}$

$$T_3 = \begin{bmatrix} 0 & -1 & & & & \\ 1 & 0 & & & & \\ & & 1 & & & \\ & & & 0 & -1 & \\ & & & 1 & 0 & \\ & & & & & 1 \end{bmatrix}$$

$$[\overline{K}_3] = [T_3][K_3][T_3] = \begin{bmatrix} 4.4444 & & & & & symm. \\ 0 & 0.3333 & & & & \\ 6.6667 & 0 & 13.3333 & & & \\ -4.4444 & 0 & -6.6667 & 4.4444 & & \\ 0 & -0.3333 & 0 & 0 & 0.3333 & \\ 6.6667 & 0 & 6.6667 & -6.6667 & 0 & 13.3333 \end{bmatrix}$$

(2) 요소별 질량행렬

$$[M_e] = \frac{\overline{m}L}{420} \begin{bmatrix} 140 & & & & & \\ 0 & 156 & & & & \\ 0 & 22L & 4L^2 & & & \\ 70 & 0 & 0 & 140 & & \\ 0 & 54 & 13L & 0 & 156 & \\ 0 & -13L & -3L^2 & 0 & -22L & 4L^2 \end{bmatrix}$$

$$[M_1] = \begin{bmatrix} 1.6667 & & & & & symm. \\ 0 & 1.8571 & & & & \\ 0 & 1.3095 & 1.1905 & & & \\ 0.8333 & 0 & 0 & 1.6667 & & \\ 0 & 0.6479 & 0.7738 & 0 & 1.8571 & \\ 0 & -0.7738 & -0.8929 & 0 & -1.3095 & 1.1905 \end{bmatrix}$$

$$[\overline{M_1}] = [T_1]^T[M_1][T] = \begin{bmatrix} 1.7352 & & & & & symm. \\ -0.0914 & 1.7886 & & & & \\ -0.7857 & 1.0476 & 1.1905 & & & \\ 0.7648 & 0.0914 & -0.4643 & 0.7352 & & \\ 0.0914 & 0.7114 & 0.6190 & -0.0914 & 1.7886 & \\ 0.4643 & -0.6190 & -0.8929 & 0.7857 & -1.0476 & 1.1905 \end{bmatrix}$$

$$[\overline{M}_2] = [M_2] = \begin{bmatrix} 2.0 & & & & & symm. \\ 0 & 2.2286 & & & & \\ 0 & 1.8857 & 2.0571 & & & \\ 1.0 & 0 & 0 & 2.0 & & \\ 0 & 0.7714 & 1.1143 & 0 & 2.2286 & \\ 0 & -1.1143 & -1.5429 & 0 & -1.8857 & 2.0571 \end{bmatrix}$$

$$[\overline{M}_3] = [T_3]^T[M_3][T_3] = \begin{bmatrix} 1.1143 & & & & & symm. \\ 0 & 1.0 & & & & \\ 0.4714 & 0 & 0.2571 & & & \\ 0.3857 & 0 & 0.2786 & 1.1143 & & \\ 0 & 0.5 & 0 & 0 & 1.0 & \\ -0.2786 & 0 & -0.1929 & -0.4714 & 0 & 0.2571 \end{bmatrix}$$

(3) 전체 강성도행렬과 질량행렬

$$[K]=\begin{bmatrix} 0.6403 & & & & & symm. \\ -0.3648 & 1.2420 & & & & \\ 1.4400 & -0.2533 & 14.667 & & & \\ -0.1667 & 0 & 0 & 4.6111 & & \\ 0 & -0.5556 & -1.6667 & 0 & 0.8889 & \\ 0 & 1.6667 & 3.3333 & 6.6667 & -1.6667 & 20.00 \end{bmatrix}$$

$$[M]=\begin{bmatrix} 3.7352 & & & & & symm. \\ -0.0914 & 4.0171 & & & & \\ 0.7857 & 0.8381 & 3.2476 & & & \\ 1.0000 & 0 & 0 & 3.1143 & & \\ 0 & 0.7714 & 1.1143 & 0 & 3.2286 & \\ 0 & -1.1143 & -1.5429 & 0.4714 & -1.8857 & 2.3143 \end{bmatrix}$$

고유치해석

$$[\Phi]=\begin{bmatrix} -0.7193 & -1.0000 & 0.5810 & -0.3157 & 0.0990 & 0.0676 \\ -1.0000 & -0.0041 & -0.8112 & -0.3910 & 0.2574 & -0.1272 \\ -0.0812 & 0.1640 & -0.0201 & 0.1300 & -1.0000 & -0.4290 \\ -0.1731 & -0.2145 & -0.5221 & 1.0000 & 0.1320 & 0.0530 \\ -0.8948 & 0.7546 & 1.0000 & 0.0516 & 0.6215 & -0.3813 \\ 0.0899 & 0.1000 & 0.3186 & -0.3249 & 0.4299 & -1.0000 \end{bmatrix}$$

$$[\diagdown\omega\diagdown] = \text{diag}(0.2547 \quad 0.3099 \quad 0.6523 \quad 0.9717 \quad 2.2028 \quad 5.1906)\ \text{rad/sec}$$

예제 4 다음 그림과 같은 건물을 골조(Frame)로 모델링하여 고유치해석을 수행하시오. 단, $E = 200 \times 10^9$ N/m^2, $I = 1 \times 10^{-5}$ m^4, $A = 1 \times 10^{-2}$ m^{2}이고, 질량은 $\overline{m} =$ 80 kg/m이다.

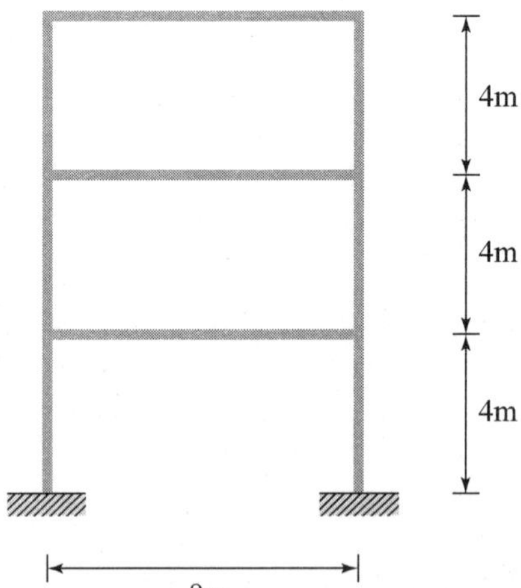

해설

자유도

- 보는 각 8개 요소, 기둥은 4개 요소로 분할함.
- 자유도 = (자유도가 존재하는 절점수 45) × (절점당 자유도 수 3) = 135

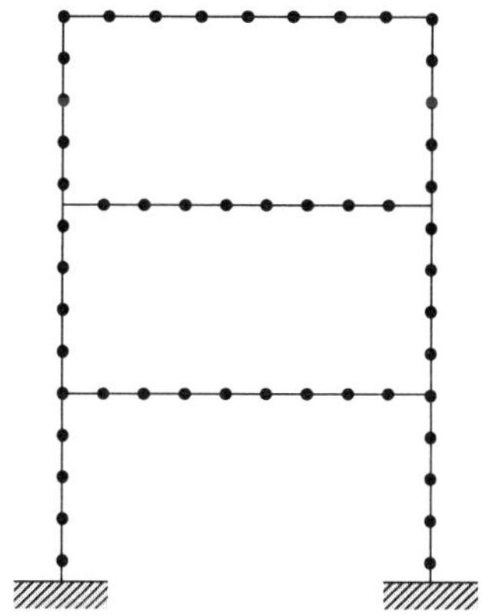

예제의 절점

요소질량행렬

$$[M_e]=\frac{\overline{m}L}{420}\begin{bmatrix}140 & & & & & \\ 0 & 156 & & & & \\ 0 & 22L & 4L^2 & & & \\ 70 & 0 & 0 & 140 & & \\ 0 & 54 & 13L & 0 & 156 & \\ 0 & -13L & -3L^2 & 0 & -22L & 4L^2\end{bmatrix}$$

기둥 24개와 보 24개의 요소 질량행렬은 모두 같다.

$$[M_i]=\begin{bmatrix}26.67 & & & symm. & & \\ 0 & 29.71 & & & & \\ 0 & 4.191 & 0.762 & & & \\ 13.33 & 0 & 0 & 26.67 & & \\ 0 & 10.26 & 2.476 & 0 & 29.71 & \\ 0 & -2.476 & -0.571 & 0 & -4.191 & 0.762\end{bmatrix}$$

요소별 강성도행렬

강성도행렬

$$[K_e]=\frac{\mathrm{EI}}{L^3}\begin{bmatrix}AL^2/I & & & 대칭 & & \\ 0 & 12 & & & & \\ 0 & 6L & 4L^2 & & & \\ -AL^2/I & 0 & 0 & AL^2/I & & \\ 0 & -12 & -6L & 0 & 12 & \\ 0 & 6L & 2L^2 & 0 & -6L & 4L^2\end{bmatrix}$$

기둥 24개와 보 24개의 요소 강성도행렬은 모두 같다.

$$[K_i]=1\times10^9\begin{bmatrix}2 & & & symm. & & \\ 0 & 0.024 & & & & \\ 0 & 0.012 & 0.008 & & & \\ -2 & 0 & 0 & 2 & & \\ 0 & -0.024 & -0.012 & 0 & 0.024 & \\ 0 & 0.012 & 0.004 & 0 & -0.012 & 0.008\end{bmatrix}$$

좌표변환행렬

보 요소들은 수평과 $\theta=0$이므로

$$T_{보}=[I]$$

기둥 요소들은 수평과 $\theta=\frac{\pi}{2}$이므로

$$T_{기둥}=\begin{bmatrix} 0 & -1 & & & & \\ 1 & 0 & & & & \\ & & 1 & & & \\ & & & 0 & -1 & \\ & & & 1 & 0 & \\ & & & & & 1 \end{bmatrix}$$

좌표변환된 행렬

보와 기둥을 구별하여 구함.

$$[\overline{M_i}]=[T_i]^T[M_i][T_i]$$

$$[\overline{K_i}]=[T_i]^T[K_i][T_i]$$

전체 질량행렬(135 × 135 행렬)

$$[M]=\sum_{i=1}^{48}[\overline{M}_i]=\begin{bmatrix} 59.43 & & & & & & symm. & & \\ 0 & 53.33 & & & & & & & \\ 0 & 0 & 1.524 & & & & & & \\ 10.29 & 0 & -2.476 & 59.43 & & & & & \\ & \vdots & & & \ddots & & & & \\ 0 & 0 & 0 & 0 & & 1.524 & & & \\ 0 & 0 & 0 & 0 & & 2.476 & 59.43 & & \\ 0 & 0 & 0 & 0 & \cdots & & 0 & 53.33 & \\ 0 & 0 & 0 & 0 & & -0.571 & 0 & 0 & 1.524 \end{bmatrix}$$

전체 강성도행렬(135 × 135 행렬)

$$[K]=\sum_{i=1}^{48}[\overline{K}_i]=1\times10^9\begin{bmatrix} 0.048 & & & & & & symm. & & \\ 0 & 4.0 & & & & & & & \\ 0 & 0 & 0.016 & & & & & & \\ -0.024 & 0 & 0.012 & 0.048 & & & & & \\ & \vdots & & & \ddots & & & & \\ 0 & 0 & 0 & 0 & & 0.016 & & & \\ 0 & 0 & 0 & 0 & & -0.012 & 0.048 & & \\ 0 & 0 & 0 & 0 & \cdots & & 0 & 4.0 & \\ 0 & 0 & 0 & 0 & & 0.004 & 0 & 0 & 0.016 \end{bmatrix}$$

모드해석결과 정규모드행렬을 사용함

$$[\mu]=\mathrm{diag}(1\quad 1\quad 1\quad 1\quad 1\ \cdots)$$

$$[\kappa]=\mathrm{diag}(43\quad 513\quad 1461\quad 1908\quad 1952\quad 2232\quad 10750\ \cdots)$$

$$[\omega]=\mathrm{diag}(6.556\quad 22.65\quad 38.22\quad 43.68\quad 44.18\quad 47.24\quad 103.7\quad 21.4\quad 130.8\ \cdots)\ \mathrm{rad/sec}$$

주기 = 0.9584 0.27774 0.1644 0.1469 0.1422 0.1330 0.0606 0.0517 0.0480 ⋯ sec

모드형상 : 모드벡터를 그림으로 표현하면 다음과 같다.

- 모드 1, 2, 4는 기둥의 변형이 주를 이루는 모드이며, 전단건물에서 주로 나타나던 형태이다.
- 모드 3, 5, 6은 보의 변형이 주를 이루는 모드이다.
- 모드 7, 8, 9는 보와 기둥의 변형이 모두 포함된 모드이다.

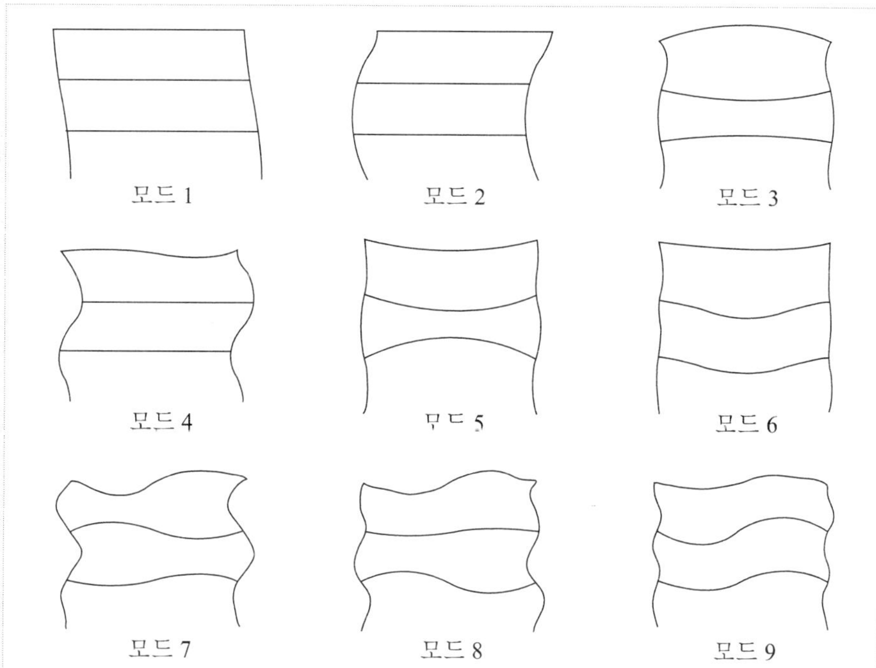

8.4 트러스 요소의 강성도행렬과 질량행렬

트러스 요소는 양 절점에 2개의 병진자유도가 존재하고, 다음과 같이 강성도 및 질량행렬이 구성된다.

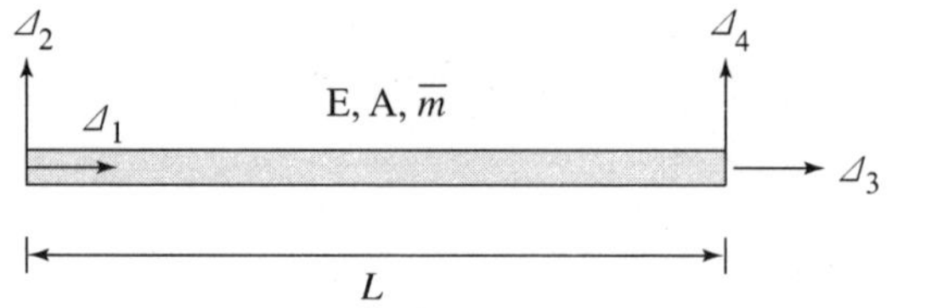

그림 8.4 2차원 트러스 요소

요소 강성도행렬

$$[K_e] = \frac{\mathrm{EA}}{L}\begin{bmatrix} 1 & 0 & -1 & 0 \\ 0 & 0 & 0 & 0 \\ -1 & 0 & 1 & 0 \\ 0 & 0 & 0 & 0 \end{bmatrix}$$

요소(분포)질량행렬

$$[M_e] = \frac{\overline{m}L}{6}\begin{bmatrix} 2 & 0 & 1 & 0 \\ 0 & 2 & 0 & 1 \\ 1 & 0 & 2 & 0 \\ 0 & 1 & 0 & 2 \end{bmatrix}$$

골조에는 존재했던 회전자유도가 없으므로 좌표변환행렬은 다음과 같이 4×4 행렬이 된다.

$$[T] = \begin{bmatrix} \cos\theta & \sin\theta & & \\ -\sin\theta & \cos\theta & & \\ & & \cos\theta & \sin\theta \\ & & -\sin\theta & \cos\theta \end{bmatrix}$$

예제 5 다음 그림과 같은 트러스 구조물의 고유치해석을 수행하시오.
단, 질량은 분포질량 $\overline{m}=1$ kg/m으로 가정하고, EA = 10N이다.

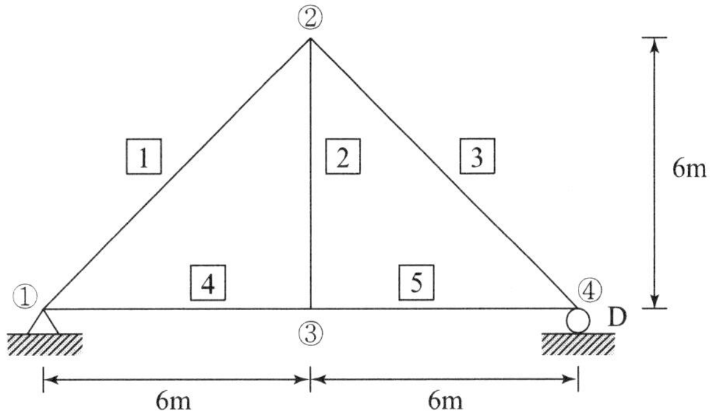

해설 자유도

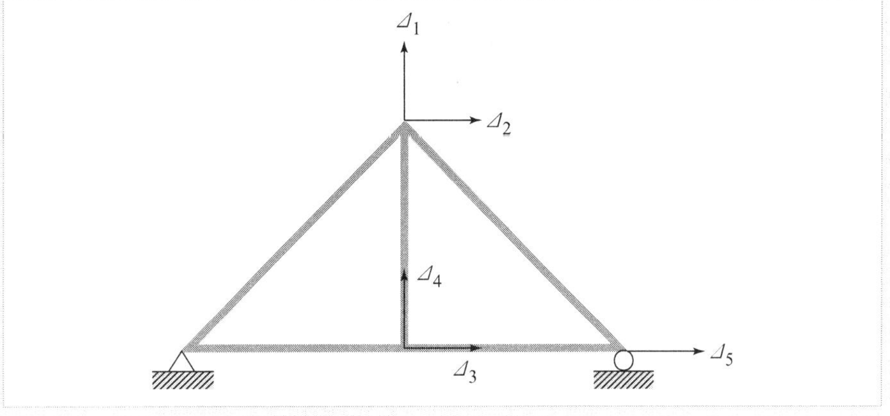

요소질량행렬

$$[M_e]=\frac{\overline{m}L}{6}\begin{bmatrix}2&0&1&0\\0&2&0&1\\1&0&2&0\\0&1&0&2\end{bmatrix}$$

$$[M_1]=[M_3]=\sqrt{2}\begin{bmatrix}2&0&1&0\\0&2&0&1\\1&0&2&0\\0&1&0&2\end{bmatrix}$$

$$[M_2]=[M_4]=[M_5]=\begin{bmatrix}2&0&1&0\\0&2&0&1\\1&0&2&0\\0&1&0&2\end{bmatrix}$$

요소 강성도행렬

$$[K_e]=\frac{\text{EA}}{L}\begin{bmatrix}1 & 0 & -1 & 0\\ 0 & 0 & 0 & 0\\ -1 & 0 & 1 & 0\\ 0 & 0 & 0 & 0\end{bmatrix}$$

$$[K_1]=[K_3]=\frac{5\sqrt{2}}{6}\begin{bmatrix}1 & 0 & -1 & 0\\ 0 & 0 & 0 & 0\\ -1 & 0 & 1 & 0\\ 0 & 0 & 0 & 0\end{bmatrix}$$

$$[K_2]=[K_4]=[K_5]=\frac{5}{3}\begin{bmatrix}1 & 0 & -1 & 0\\ 0 & 0 & 0 & 0\\ -1 & 0 & 1 & 0\\ 0 & 0 & 0 & 0\end{bmatrix}$$

좌표변환행렬

$$[T]=\begin{bmatrix}\cos\theta & \sin\theta & & \\ -\sin\theta & \cos\theta & & \\ & & \cos\theta & \sin\theta\\ & & -\sin\theta & \cos\theta\end{bmatrix}$$

$\theta_1=\dfrac{\pi}{4}$이므로 $\quad [T_1]=\dfrac{1}{\sqrt{2}}\begin{bmatrix}1 & 1 & & \\ -1 & 1 & & \\ & & 1 & 1\\ & & -1 & 1\end{bmatrix}$

$\theta_2=\dfrac{\pi}{2}$이므로 $\quad [T_2]=\begin{bmatrix}0 & 1 & & \\ -1 & 0 & & \\ & & 0 & 1\\ & & -1 & 0\end{bmatrix}$

$\theta_3=\dfrac{7\pi}{4}$이므로 $\quad [T_3]=\dfrac{1}{\sqrt{2}}\begin{bmatrix}1 & -1 & & \\ 1 & 1 & & \\ & & 1 & -1\\ & & 1 & 1\end{bmatrix}$

$\theta_4=\theta_5=0$이므로 $\quad [T_4]=[T_5]=[I]$

좌표변환된 요소질량행렬

$$[\overline{M_e}]=[T]^T[M_e][T]$$

$$[\overline{M}_1]=[T]^T[M_1][T]=1.4142\begin{bmatrix}2 & 0 & 1 & 0\\ 0 & 2 & 0 & 1\\ 1 & 0 & 2 & 0\\ 0 & 1 & 0 & 2\end{bmatrix}=[\overline{M}_3]$$

$$[\overline{M}_2]=[T]^T[M_2][T]=\begin{bmatrix}2 & 0 & 1 & 0\\ 0 & 2 & 0 & 1\\ 1 & 0 & 2 & 0\\ 0 & 1 & 0 & 2\end{bmatrix}=[\overline{M}_4]=[\overline{M}_5]$$

좌표변환된 요소질량행렬

$$[\overline{K_e}] = [T]^T[K_e][T]$$

$$[\overline{K}_1] = [T]^T[K_1][T] = 0.5893\begin{bmatrix} 1 & 1 & -1 & -1 \\ 1 & 1 & -1 & -1 \\ -1 & -1 & 1 & 1 \\ -1 & -1 & 1 & 1 \end{bmatrix}$$

$$[\overline{K}_2] = [T]^T[K_2][T] = 1.6667\begin{bmatrix} 0 & 0 & 0 & 0 \\ 0 & 1 & 0 & -1 \\ 0 & 0 & 0 & 0 \\ 0 & -1 & 0 & 1 \end{bmatrix}$$

$$[\overline{K}_3] = [T]^T[K_3][T] = 0.5893\begin{bmatrix} 1 & -1 & -1 & 1 \\ -1 & 1 & 1 & -1 \\ -1 & 1 & 1 & -1 \\ 1 & -1 & -1 & 1 \end{bmatrix}$$

$$[\overline{K}_4] = [\overline{K}_5] = [T]^T[K_4][T] = 1.6667\begin{bmatrix} 1 & 0 & -1 & 0 \\ 0 & 0 & 0 & 0 \\ -1 & 0 & 1 & 0 \\ 0 & 0 & 0 & 0 \end{bmatrix}$$

자유도 순서에 맞추어 합성된 행렬

$$[M] = \sum_{i=1}^{5}[\overline{M}_i] = \begin{bmatrix} 7.6569 & 0 & 1 & 0 & 1.4142 \\ 0 & 7.6569 & 0 & 1 & 0 \\ 1 & 0 & 6 & 0 & 1 \\ 0 & 1 & 0 & 6 & 0 \\ 1.4142 & 0 & 1 & 0 & 4.8284 \end{bmatrix}$$

$$[K] = \sum_{i=1}^{5}[\overline{K}_i] = \begin{bmatrix} 1.1785 & 0 & 0 & 0 & -0.5893 \\ 0 & 2.8452 & 0 & -1.6667 & 0.5893 \\ 0 & 0 & 3.3333 & 0 & -1.6667 \\ 0 & -1.6667 & 0 & 1.6667 & 0 \\ -0.5893 & 0.5893 & -1.6667 & 0 & 2.2559 \end{bmatrix}$$

모드해석결과

$$[\Phi] = \begin{bmatrix} -0.5769 & 1.0000 & -1.0 & -0.0189 & -0.1709 \\ 0.8450 & 0.5841 & -0.0140 & 1.0 & 0.1656 \\ -0.4313 & 0.4197 & 0.8581 & 0.2987 & -0.8626 \\ 1.0 & 0.9182 & 0.2451 & -0.9953 & -0.0975 \\ -0.7734 & 0.6129 & 0.8304 & -0.0816 & 1.0 \end{bmatrix}$$

$$[\diagdown \mu \diagdown] = \text{diag}(22.14 \quad 22.36 \quad 13.12 \quad 12.12 \quad 7.837)$$

$$[\diagdown \kappa \diagdown] = \text{diag}(0.8353 \quad 2.0434 \quad 3.8905 \quad 8.1098 \quad 8.1900)$$

$$[\diagdown \omega \diagdown] = \text{diag}(0.1943 \quad 0.3023 \quad 0.5445 \quad 0.8179 \quad 1.0223) \text{ rad/sec}$$

모드형상 : 모드벡터를 그림으로 표현

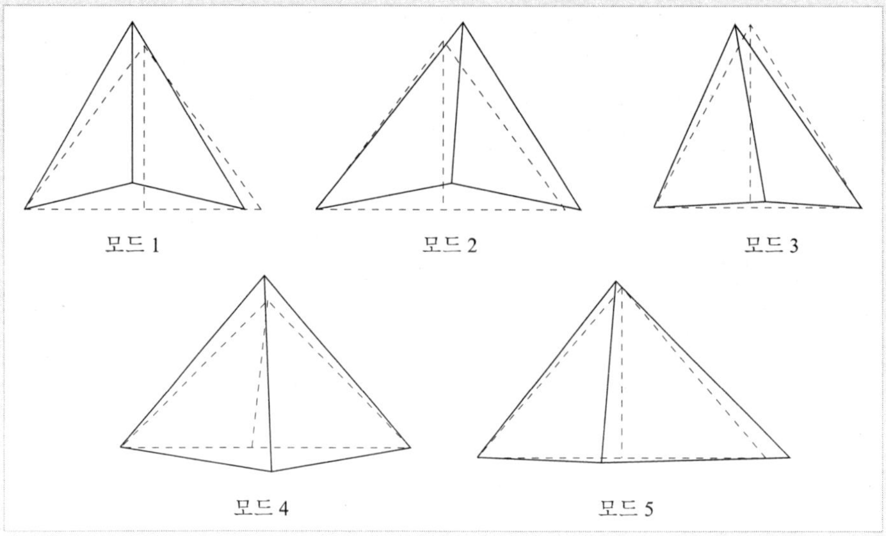

예제 6 다음 그림과 같은 트러스 교량의 고유치해석을 수행하시오. 단, 질량은 분포질량 $\overline{m}$= 1 kg/m으로 가정하고, EA = 10 N이다.

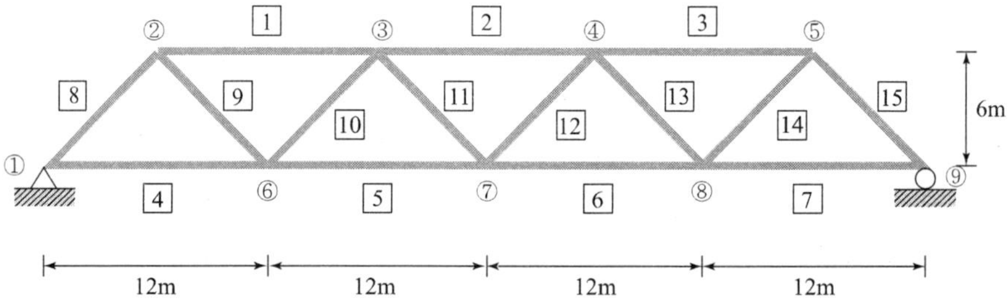

해설 자유도

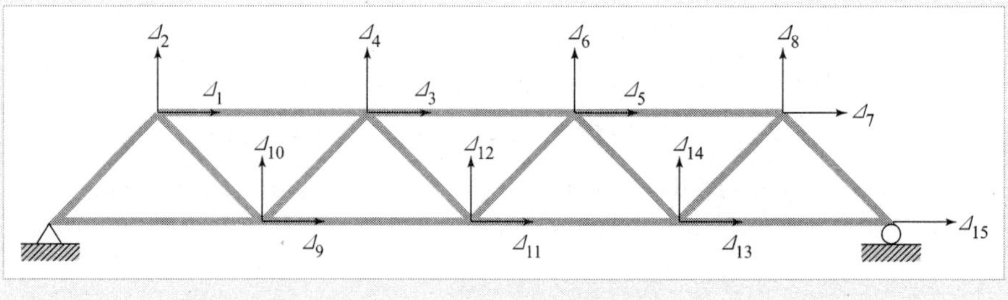

요소질량행렬

$$[M_e] = \frac{\overline{m}L}{6}\begin{bmatrix} 2 & 0 & 1 & 0 \\ 0 & 2 & 0 & 1 \\ 1 & 0 & 2 & 0 \\ 0 & 1 & 0 & 2 \end{bmatrix}$$

$$[M_1] = [M_2] = [M_3] = [M_4] = [M_5] = [M_6] = [M_7] = 2\begin{bmatrix} 2 & 0 & 1 & 0 \\ 0 & 2 & 0 & 1 \\ 1 & 0 & 2 & 0 \\ 0 & 1 & 0 & 2 \end{bmatrix}$$

$$[M_8] = [M_9] = [M_{10}] = [M_{11}] = [M_{12}] = [M_{13}] = [M_{14}] = [M_{15}] = 1.4142\begin{bmatrix} 2 & 0 & 1 & 0 \\ 0 & 2 & 0 & 1 \\ 1 & 0 & 2 & 0 \\ 0 & 1 & 0 & 2 \end{bmatrix}$$

요소 강성도행렬

$$[K_e] = \frac{EA}{L}\begin{bmatrix} 1 & 0 & -1 & 0 \\ 0 & 0 & 0 & 0 \\ -1 & 0 & 1 & 0 \\ 0 & 0 & 0 & 0 \end{bmatrix}$$

$$[K_1] = [K_2] = [K_3] = [K_4] = [K_5] = [K_6] = [K_7] = 0.8333\begin{bmatrix} 1 & 0 & -1 & 0 \\ 0 & 0 & 0 & 0 \\ -1 & 0 & 1 & 0 \\ 0 & 0 & 0 & 0 \end{bmatrix}$$

$$[K_8] = [K_9] = [K_{10}] = [K_{11}] = [K_{12}] = [K_{13}] = [K_{14}] = [K_{15}]$$

$$= 1.1785\begin{bmatrix} 1 & 0 & -1 & 0 \\ 0 & 0 & 0 & 0 \\ -1 & 0 & 1 & 0 \\ 0 & 0 & 0 & 0 \end{bmatrix}$$

좌표변환행렬

$$[T] = \begin{bmatrix} \cos\theta & \sin\theta & & \\ -\sin\theta & \cos\theta & & \\ & & \cos\theta & \sin\theta \\ & & -\sin\theta & \cos\theta \end{bmatrix}$$

요소 1에서 요소 7의 $\theta = 0$이므로 좌표변환 없음

$$[T_1] = [T_2] = [T_3] = [T_4] = [T_5] = [T_6] = [T_7] = [I]$$

요소 8, 10, 12, 14의 $\theta = \frac{\pi}{4}$이므로

$$[T_8] = [T_{10}] = [T_{12}] = [T_{14}] = \frac{1}{\sqrt{2}}\begin{bmatrix} 1 & 1 & & \\ -1 & 1 & & \\ & & 1 & 1 \\ & & -1 & 1 \end{bmatrix}$$

요소 9, 11, 13, 15의 $\theta = \frac{7\pi}{4}$이므로

$$[T_9] = [T_{11}] = [T_{13}] = [T_{15}] = \frac{1}{\sqrt{2}}\begin{bmatrix} 1 & -1 & & \\ 1 & 1 & & \\ & & 1 & -1 \\ & & 1 & 1 \end{bmatrix}$$

좌표변환된 요소 질량행렬

$$[\overline{M_e}] = [T]^T[M_e][T]$$

$$[\overline{M}_1] = [T_1]^T[M_1][T_1] = 2\begin{bmatrix} 2 & 0 & 1 & 0 \\ 0 & 2 & 0 & 1 \\ 1 & 0 & 2 & 0 \\ 0 & 1 & 0 & 2 \end{bmatrix}$$

$$= [\overline{M}_2] = [\overline{M}_3] = [\overline{M}_4] = [\overline{M}_5] = [\overline{M}_6] = [\overline{M}_7]$$

$$[\overline{M}_8] = [T_8]^T[M_8][T_8] = 1.4142\begin{bmatrix} 2 & 0 & 1 & 0 \\ 0 & 2 & 0 & 1 \\ 1 & 0 & 2 & 0 \\ 0 & 1 & 0 & 2 \end{bmatrix}$$

$$= [\overline{M}_9] = [\overline{M}_{10}] = [\overline{M}_{11}] = [\overline{M}_{12}] = [\overline{M}_{13}] = [\overline{M}_{14}] = [\overline{M}_{15}]$$

좌표변환된 요소 질량행렬

$$[\overline{K_e}] = [T]^T[K_e][T]$$

$$[\overline{K_1}] = [\overline{K_2}] = [\overline{K_3}] = [\overline{K_4}] = [\overline{K_5}] = [\overline{K_6}] = [\overline{K_7}] = 0.8333\begin{bmatrix} 1 & 0 & -1 & 0 \\ 0 & 0 & 0 & 0 \\ -1 & 0 & 1 & 0 \\ 0 & 0 & 0 & 0 \end{bmatrix}$$

$$[\overline{K}_8] = [T_8]^T[K_8][T_8] = 0.5893\begin{bmatrix} 1 & 1 & -1 & -1 \\ 1 & 1 & -1 & -1 \\ -1 & -1 & 1 & 1 \\ -1 & -1 & 1 & 1 \end{bmatrix}$$

$$= [\overline{K}_9] = [\overline{K}_{10}] = [\overline{K}_{11}] = [\overline{K}_{12}] = [\overline{K}_{13}] = [\overline{K}_{14}] = [\overline{K}_{15}]$$

자유도 맞추어 합성된 행렬

$$[M] = \sum_{i=1}^{15}[\overline{M}_i] = \begin{bmatrix} 9.6569 & & & & & & symm. \\ 0 & 9.6569 & & & & & \\ 2.0 & 0 & 13.6569 & \cdots & & & \\ \vdots & \vdots & \vdots & \ddots & & & \\ 0 & 0 & 0 & \cdots & 13.6569 & & \\ 0 & 0 & 0 & \cdots & 0 & 13.6569 & \\ 0 & 0 & 0 & \cdots & 2.0 & 0 & 0.6284 \end{bmatrix}$$

$$[K] = \sum_{i=1}^{15}[\overline{K}_i] = \begin{bmatrix} 2.0118 & & & & & & symm. \\ 0 & 1.1785 & & & & & \\ -0.8333 & 0 & 2.8452 & & & & \\ \vdots & \vdots & \vdots & \ddots & & & \\ 0 & 0 & 0 & \cdots & 2.8452 & & \\ 0 & 0 & 0 & \cdots & 0 & 1.1785 & \\ 0 & 0 & 0 & \cdots & -0.8333 & 0 & 1.4226 \end{bmatrix}$$

모드해석

저차 5개의 모드형상

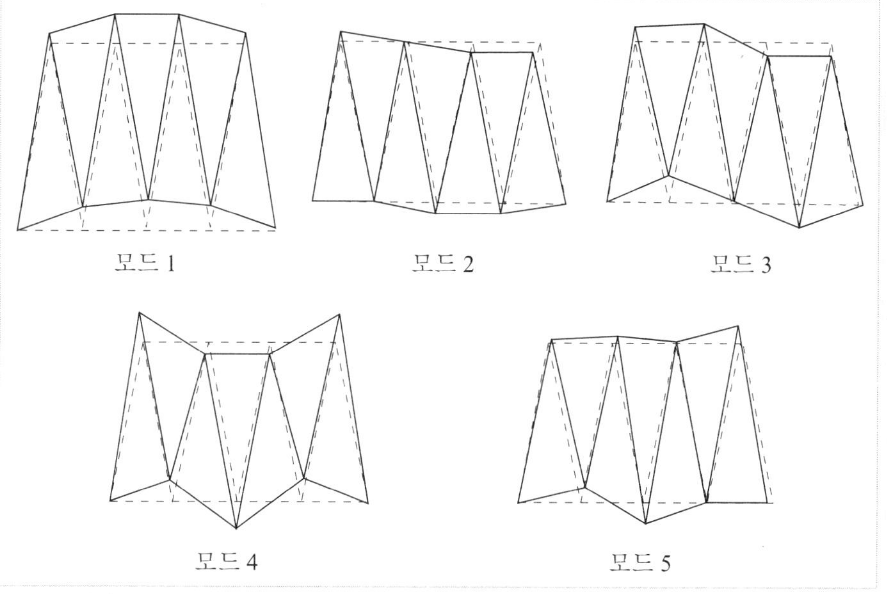

$$[\diagdown \mu \diagdown] = \text{diag}(83.34\ 88.61\ 60.85\ 67.89\ 61.25\ 34.10\ 26.25\ 21.83\ 66.58\ 69.75\ 50.05\ 33.48\ 27.83\ 39.33\ 22.05)$$

$$[\diagdown \kappa \diagdown] = \text{diag}(0.0647\ 0.442\ 0.659\ 2.617\ 3.116\ 3.038\ 2.961\ 3.425\ 11.47\ 13.52\ 11.96\ 10.23\ 11.03\ 18.20\ 11.56)$$

$$[\diagdown \omega \diagdown] = \text{diag}(0.0279\ 0.0706\ 0.1041\ 0.1964\ 0.2256\ 0.2985\ 0.3359\ 0.3962\ 0.4150\ 0.4403\ 0.4888\ 0.5527\ 0.6296\ 0.6804\ 0.7241)\ \text{rad/sec}$$

▌연습문제▐

8.1 다음 골조의 모드해석을 수행하시오. 분포질량행렬 사용하고, EI = 10 N · m^2, 단위 길이당 질량 = $\overline{m}$ = 1 kg/m이고, 축변형은 무시한다.

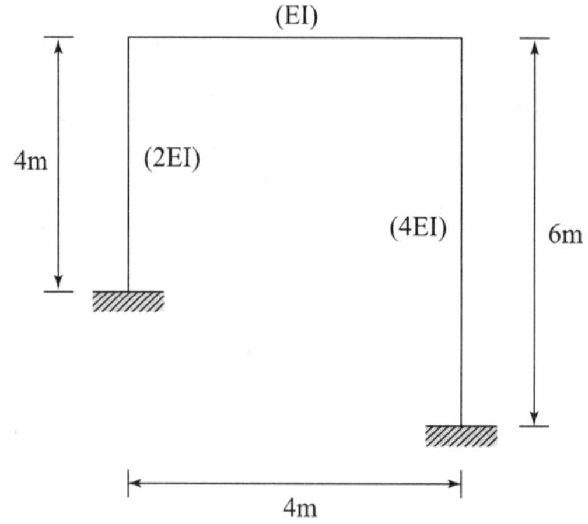

8.2 다음 그림과 같은 트러스 교량의 고유치해석을 수행하시오.
단, 질량은 분포질량 $\overline{m}$ = 1 kg/m으로 가정하고, EA = 10 N이다.

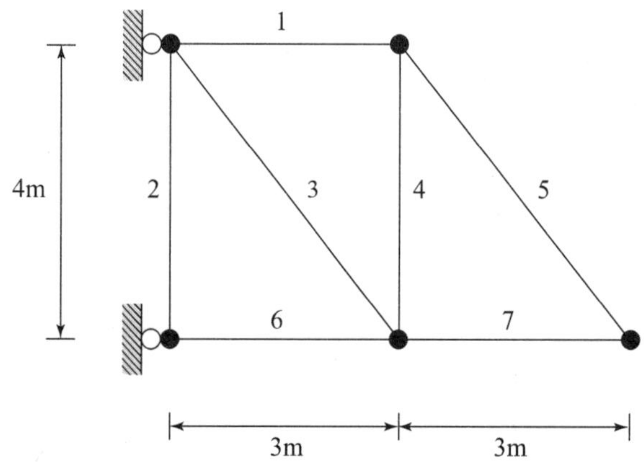

부록 간단한 구조의 강성도

(1) 캔틸레버보

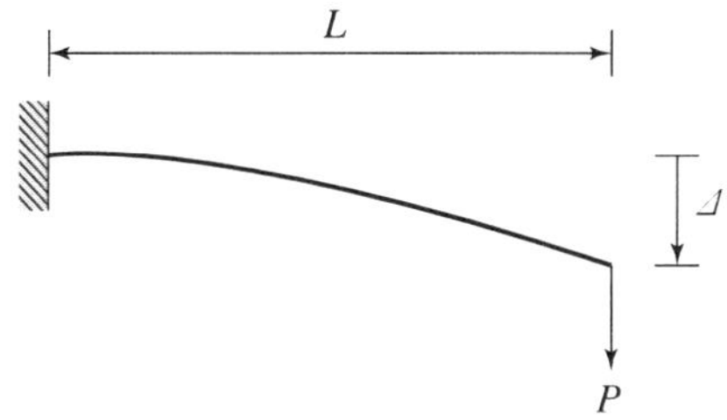

$$\Delta = \frac{PL^3}{3EI}$$

$$K = \frac{P}{\Delta} = \frac{3EI}{L^3}$$

(2) 양단 고정보

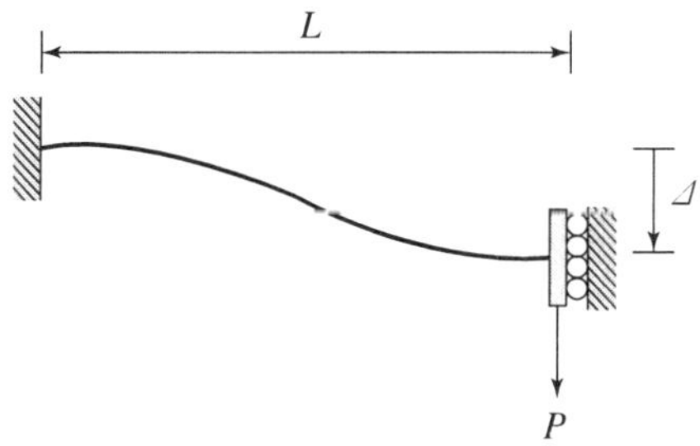

$$\Delta = \frac{PL^3}{12EI}$$

$$K = \frac{P}{\Delta} = \frac{12EI}{L^3}$$

(3) 일단 힌지타단 고정보

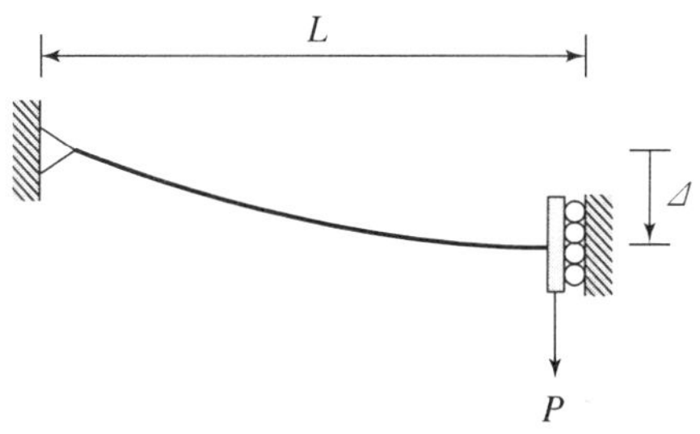

$$\Delta = \frac{PL^3}{3EI}$$

$$K = \frac{P}{\Delta} = \frac{3EI}{L^3}$$

(4) 단순보 중앙의 집중하중에 의한 처짐

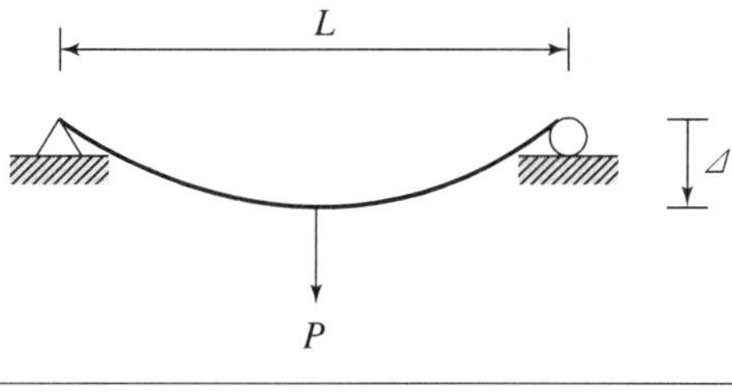

$$\Delta = \frac{PL^3}{48EI}$$

$$K = \frac{P}{\Delta} = \frac{48EI}{L^3}$$

찾 · 아 · 보 · 기

:: 차 ::

:: 카 ::

:: 파 ::

:: 하 ::

• **방은영**
서울대학교 공과대학 토목공학과(학사)
한국과학기술원(KAIST) 토목공학과(석사)
한국과학기술원(KAIST) 토목공학과(박사)
UC Irvine 토목환경공학과 객원연구원
현재 동양대학교 철도건설안전공학과 교수

구조동역학 정가 13,000원

인 쇄 2011년 7월 15일 초판 1쇄
발 행 2021년 9월 10일 초판 3쇄
저 자 방은영
발행인 정우용
발행처 도서출판 동화기술
경기도 파주시 광인사길 201(문발동, 파주출판도시)
Tel (031)955-4211~6 donghwapub@nate.com
Fax (031)955-4217 www.donghwapub.co.kr
(등록) 1977년 12월 19일/9-16호

ISBN 978-89-425-1640-7